S 10¹ — Geschichte der letzten preußischen Schnellzug-Dampflokomotiven

Bild 1   Letzte Betriebstage beim Bw Cottbus 1956. So sah es noch bis 1962 in Mitteldeutschland aus: Eine Lok, deren Baureihenbezeichnung „17" aus einer anderen Welt zu stammen schien. Auf dem Führerstand „alte Hasen" von Lokführern, welche die Maschinen schon seit Jugend kannten, meist „Umsiedler", genau wie so manche dieser alten Lokomotiven. 1077 hieß 1913 Bromberg 1112, war in Frankfurt (Oder) zu Hause, gab ein kurzes Gastspiel im Westen, um dann endgültig im Osten zu verbleiben. Es bleibt der Phantasie des Betrachters überlassen, sich vorzustellen, wer sie wohl alles aus der Perspektive des Fotografen gesehen haben mag.

S10¹

Geschichte der letzten preußischen Schnellzug-Dampflokomotiven

Von Karl-Ernst Maedel

Mit 35 Zeichnungen im Text
und 120 Fotos
auf 45 Kunstdrucktafeln

Franckh'sche Verlagshandlung Stuttgart

Schutzumschlag gestaltet von Edgar Dambacher
Lok 1135 Osten, nach Rekonstruktion 1971 in Radebeul aufgenommen (Farbfoto: Dr. Heydenreich)

Franckh'sche Verlagshandlung, W. Keller & Co., Stuttgart / 1972 / Alle Rechte, auch die des auszugsweisen Nachdrucks, der fotomechanischen Wiedergabe und der Übertragung in Bildstreifen, vorbehalten / © Franckh'sche Verlagshandlung, W. Keller & Co., Stuttgart, 1972 / Printed in Germany / Imprimé en Allemagne / ISBN 3-440-03923-4 / LH 19 hä / Gesamtherstellung: ◉ Reiff-Druck, 76 Offenburg

S 10¹ — Geschichte der letzten preußischen Schnellzug-Dampflokomotiven

Zur Einführung 7

Preußen und seine Lokomotiven 9

Eine Lokomotive entsteht 21

Baumerkmale der S 10¹ 46

Versuche und Leistung 69

Der Fall Garbe 90

Vier Jahrzehnte Lokomotivschicksal 110

Erinnerungen an eine Zeitgenossin meiner Jugend 131

Die letzten Jahre 143

Verzeichnis aller abgebildeten Lokomotiven 147

Lieferung und Verbleib der S 10¹-Lokomotiven 148

Hauptabmessungen der S 10¹-Lokomotiven 149

Hauptabmessungen vergleichbarer 2'C-Lokomotiven 150

Verzeichnis sämtlicher S 10¹-Lokomotiven 151

Belastungsdiagramm und -tabellen 160

Gattungs- und Reihenbezeichnungen der S 10-Lokomotivgruppe
bei den europäischen Eisenbahn-Verwaltungen 161

Auszug aus dem Fahrplanbuch 162

Erläuterungen zu einzelnen Bildern 164

Literaturverzeichnis 166

Zur Einführung

Merkwürdig, begegnet man einem älteren Lokomotivfachmann oder Eisenbahnfreund norddeutscher Herkunft, und kommt das Gespräch von ungefähr auf die Dampfrösser — welches Thema sollte es auch berühren? — wird ferner die Frage gestellt, welche Lokomotivgattung denn in der Gunst des betreffenden Mannes wohl den ersten Platz einnimmt, so überrascht immer wieder die in fast allen Fällen gegebene Antwort: Die preußische S 10¹-Schnellzuglokomotive! Man hätte eigentlich ein Loblied auf die Einheitslokomotiven der Reichsbahnzeit oder auf die noch berühmtere bayerische S 3/6-Lokomotive erwartet!

Warum gerade die S 10¹? Wie konnte ein so welterfahrener Lokomotivfachmann wie Adolf Wolff, der Erbauer der 05-Rekordlokomotiven, hochgeschätzt in den USA und überall bekannt, wo Borsig-Lokomotiven fuhren, ehrlichen Herzens bekennen: „Von allen deutschen Dampflokomotiven ist mir die preußische S 10¹ immer die liebste gewesen."

Die Antwort ist nicht leicht zu finden. Es ging in der Tat eine merkwürdige Faszination von diesen Lokomotiven aus, des Aussehens wie der Leistung, der auch der Verfasser seit frühester Jugend erlegen ist. Vielleicht mußte man dazu „Preuße" sein? Die S 10¹-Lokomotiven — das waren doch einmal die „Stars" der Wilhelminischen und der Weimarer Zeit, wie man jene Epochen kurz bezeichnet, das waren doch einmal die Schnellzuglokomotiven Nord- und Ostdeutschlands, ja so recht eigentlich Berlins, die über zwei Jahrzehnte hinweg das Bild des hochwertigen Reisezugverkehrs im norddeutschen Flachland bestimmt haben und erst mit Beginn des dritten Jahrzehnts unseres Jahrhunderts den neuen Einheitslokomotiven der Deutschen Reichsbahn weichen mußten, der Modernität nach, nicht der Leistung. Sie sind heute im Westen unseres Vaterlandes weitgehend in Vergessenheit geraten, die junge Generation kennt sie nicht mehr. Um die noch bis in die sechziger Jahre hinein in Mitteldeutschland laufenden Maschinen zu sehen, fehlte es an Gelegenheit. So mag es zunächst als Wagnis erscheinen, der Geschichte einer schon fast vergessenen Lokomotivgattung ein ganzes Buch zu widmen. Immerhin hat das gute Echo, das dem im gleichen Verlag erschienenen Werk über die bayerische S 3/6-Lokomotive, dem so gern glorifizierten „Star" unter den Dampflokomotiven, beschieden war, Verfasser und Verlag ermutigt, ähnliches für die berühmteste Schnellzuglokomotive Norddeutschlands zu unternehmen. Nachdem sich ein drittes Buch über die preußische P 8-Personenzuglokomotive in Vorbereitung befindet, ferner Düring in seinem Werk „Schnellzug-Dampflokomotiven der deutschen Länderbahnen 1907—1922" der badischen IV h-Lokomotiv-Type breiten Raum gewidmet hat, dürfte damit den besten deutschen Reisezug-Lokomotivkonstruktionen die verdiente Würdigung zuteil geworden sein.

Wir glauben für unser Vorhaben noch eine weitere Legitimation gefunden zu haben, sofern man in der Lokomotive mehr als ein technisches Objekt, das noch dazu durch Ruß und Schmutz eher berüchtigt als berühmt ist, erblicken will.

Die Lokomotive stand zu jener Zeit, da unsere Darstellung beginnt, noch im Mittelpunkt des Schienenverkehrs, damals des Landverkehrs überhaupt. Sie ist mehr wie jede andere Kraftmaschine in das Zeitgeschehen einbezogen, bedenken wir nur, in welch hohem Maße die Geschichte der letzten 150 Jahre mit durch die Eisenbahn geprägt worden ist, im Frieden und im Krieg. Als Schnellzuglokomotive trat die S 10[1] erst recht an hervorragender Stelle des Geschehens in Erscheinung. Die historischen Ereignisse, bei denen sie als stummer Statist beteiligt war, sind ohne Zahl. Freilich, Geschichte ist uns Heutigen gleichgültig geworden. Wir leben in einer geschichtslosen Zeit, unser Tun und Trachten ist gegenwartsbezogen. Eine Betrachtungsweise, die auch der Technik den ihr gebührenden Platz in der Geschichte einräumt, will uns in unserem Lande sowieso fremd erscheinen. Wir sind gewöhnt, in der Historie nur eine endlose Folge von Krieg, Zerstörung, Mord, Revolution, Krisen zu sehen, deren Rädelsführer eine verblendete Nachwelt als sogenannte Helden zum Vorbild der Jugend gestempelt hat. Staatlich befohlener Massenmord gilt bei allen Völkern noch heute als das erhabenste Ereignis der Vergangenheit. Nur am Rande werden die Leistungen großer Humanisten, Ärzte, Forscher, Erzieher, Künstler, Ingenieure erwähnt. Dabei hat jeder einzelne von ihnen das Menschengeschlecht in seiner Gesamtheit weiter vorangebracht, als es sich der berühmteste Feldherr je zu erträumen wagte.

Die Bedeutung der Lokomotive für den Fortschritt der Menschheit kann vielleicht erst heute richtig gewürdigt werden. Handelt es sich nun um eine Serie von Lokomotiven, die technisch ein Optimum des zu ihrer Zeit Erreichbaren darstellten, hinwiederum von der Zweckbestimmung her Aufgaben zu erfüllen hatten, die sie mit allen Höhen und Niederungen unserer Geschichte in Berührung brachten, so mag der Versuch Verständnis finden, im Leser über das Fahrzeugschicksal hinaus auch Interesse für die Wechselwirkungen zwischen Technik und Geschichte zu wecken.

Wir haben versucht, auf den nachfolgenden Seiten das, was wesentlich am Schicksal der S 10[1] war oder — wem diese Bezeichnung zu altmodisch erscheint — am Schicksal der Lokomotivbaureihe 17[10—12] der Deutschen Reichsbahn, festzuhalten. Die Darstellung technischer Einzelheiten mag für den Nichtfachmann mitunter ermüdend wirken, zumal er kaum eine plastische Vorstellung mit dieser oder jener Fachbezeichnung verbinden wird. Doch auch dem Ingenieur der Dampflokzeit sollte rückblickend die Möglichkeit eigenen Urteils und Vergleichs gegeben werden.

Eine Reihe von Fachleuten und Eisenbahnfreunden hat mit Rat und Tat, durch Beigabe von Material und Fotos, zum guten Gelingen des Werkes beigetragen. Ein herzliches Wort des Dankes gebührt vor allem Herrn Ingenieur Werner Sydow für die uneigennützige Überlassung wertvoller Unterlagen, sowie Herrn Arnold Haas, New York, für seine so lebensechte Schilderung: „Erinnerungen an eine Zeitgenossin meiner Jugend". Dank aber auch allen anderen, die mit Einzelheiten halfen, oder auf deren Vorarbeit zurückgegriffen werden konnte: Dipl.-Ing. Theodor Düring, Dr.-Ing. Kurt Ewald, Karl Julius Harder, Dr. Albert Mühl, Fritz Schadow und Hans Schmidt. Den Eisenbahnfreunden, die Fotos zur Verfügung gestellt haben, sei durch Namensnennung bei den Bildern gedankt.

Alle Mühe wäre jedoch umsonst gewesen, hätte nicht das große Verständnis des Verlegers das Zustandekommen dieses Buches gefördert. Ihm, dem Schwaben, dessen Liebe zur Sache es ermöglichte, daß hier eine preußische Lokomotive ihre verdiente Würdigung erfährt, gebührt das letzte Dankeswort.

Preußen und seine Lokomotiven

Welch eine Zeit, jenes erste Jahrzehnt unseres Jahrhunderts! Vergleichbar fast mit den Jahren des Wirtschaftswunders nach dem Zweiten Weltkrieg! Über zwei Jahrzehnte hinweg hatte die große Wirtschaftskrise des Jahres 1873 wie eine Lähmung Handel und Wandel erfaßt. Arbeitslosigkeit, Elend, Hunger und soziale Spannungen waren die Folge. Die Sozialdemokratie gewann mehr und mehr an Boden, von Wilhelm II., dem Monarchen seit 1888, gefürchtet wie das höllische Feuer. Doch dann begann der große Aufbruch, der Deutschland innerhalb zweier Jahrzehnte auf den Gipfel seiner wirtschaftlichen wie auch politischen Macht führen sollte. Die Impulse zur Überwindung der Krise kamen von der Elektroindustrie, dem jüngsten Kind der Technik, das sich damals prächtig entwickelte. Es gab Vollbeschäftigung, mehr und mehr traten ausländische Arbeitskräfte in Erscheinung, Polen, Italiener. Wohlstand breitete sich allenthalben aus. Kurzum, es begannen jene Jahre vor dem Ersten Weltkrieg, die von den Alten unter uns noch heute als Höhepunkt der sogenannten Wilhelminischen Ära glorifiziert werden, denen sie nicht ganz grundlos nachtrauern als jener sagenhaften Vorkriegszeit, wo alles so viel besser, so viel billiger war, eben — der Kaiserzeit.

Nun, das Leben wies tatsächlich einige Probleme weniger auf, denn vieles war durch staatliche Ordnung geregelt, was heute — wie man so schön sagt — wieder zur Diskussion gestellt wird. Freilich, die Politik beschritt manch bedenklichen Weg, die Redefreudigkeit des Herrschers löste mehr als einen Skandal aus und trug nicht dazu bei, die Deutschen in der Welt beliebter zu machen. Noch immer beherrschte jenes unheilvolle Übergewicht des Militärs die Szene. Es war die Zeit, wo man auf die Frage „Wo haben Sie gedient?" voller Stolz antwortete: Bei den 118ern, oder den fünften Kürassieren, den zehnten Husaren, den Garde-Ulanen, und dabei begeistert am Schicksal „seines" Regimentes teilnahm. Leider galt die damalige Militärzeit alles andere als ein Ferienaufenthalt. In den Kasinos bildeten die jungen Offiziere eine eigene Klasse Menschheit und trugen nicht dazu bei, dem Staat die solide Grundlage zu verleihen, deren er bedurfte, wollte er mit den Problemen der Industriegesellschaft fertig werden. Dennoch war der wilhelminische Staat liberaler als alles, was danach kam und so gern diesen Begriff in Erbpacht zu nehmen gedachte.

Wie sah also Deutschland im Jahre 1910 aus?

An der Spitze des Staates stand Kaiser Wilhelm der Zweite, Reichskanzler war Theobald von Bethmann-Hollweg, das Eisenbahnwesen unterstand in Preußen dem Minister für Öffentliche Arbeiten, Paul Justin von Breitenbach. Am 1. Dezember 1910 war Volkszählung gewesen. Sie ergab für das damalige Deutsche Reich eine Bevölkerungszahl von 64 925 993 Einwohnern. Die gewaltige Industrialisierung hatte eine Umschichtung des gesamten Volkes bewirkt. Die Städte waren als Zentren der Wirtschaft aufgeblüht, bereits 1910 gab es in Deutschland 48 Großstädte mit über 100 000 Einwohnern. Ihre Bevölkerungszahl möge uns ihre Bedeutung dokumentieren. Sie verrät uns, daß die heutigen Ballungszentren auch damals schon bestanden. Die Verkehrsprobleme der Städte waren nicht gering. Heere von Arbeitern mußten täglich transportiert werden — und das auf der Schiene!

Einwohnerzahlen der deutschen Großstädte — Nach der Volkszählung vom 1. 12. 1910

Berlin	2 071 257	Halle	180 843
Hamburg	931 035	Straßburg	178 891
München	596 467	Berlin-Schöneberg	172 823
Leipzig	589 850	Altona	172 628
Dresden	548 308	Danzig	170 337
Cöln	516 527	Elberfeld	170 195
Breslau	512 105	Gelsenkirchen	169 513
Frankfurt/Main	414 576	Barmen	169 214
Düsseldorf	358 728	Posen	156 691
Nürnberg	333 142	Aachen	156 143
Charlottenburg	305 978	Cassel	153 196
Hannover	302 375	Braunschweig	143 552
Essen	294 653	Bochum	136 931
Chemnitz	287 807	Karlsruhe	134 313
Stuttgart	286 218	Crefeld	129 406
Magdeburg	279 629	Augsburg	123 015
Königsberg	245 994	Plauen	121 272
Bremen	244 875	Mülheim/Ruhr	112 580
Neukölln	237 289	Erfurt	111 463
Stettin	236 113	Mainz	110 634
Duisburg	229 483	Berlin-Wilmersdorf	109 716
Dortmund	214 226	Wiesbaden	109 002
Kiel	211 627	Saarbrücken	105 089
Mannheim	193 902	Hamborn	101 703

Den industriellen Anforderungen, den Notwendigkeiten von Handel und Wirtschaft mußte das Verkehrswesen folgen. Sein Aufschwung zu Beginn dieses Jahrhunderts stand dem der Nation nicht nach. Gegen Ende des vorigen Jahrhunderts waren die vierachsigen D-Zugwagen aufgekommen, seinerzeit eine der fortschrittlichsten Konstruktionen auf dem Kontinent, die von allen anderen Ländern übernommen wurden. Denken wir daran, daß es vorher ja nur den Abteilwagen gab und selbst Schnellzüge aus dreiachsigen derartigen Fahrzeugen bestanden. Die schweren Vierachser bewirkten zwangsläufig ein rapides Ansteigen der Zuggewichte. Je stärker der Reiseverkehr — und ein Blick in einen Fahrplan der Jahre vor dem Ersten Weltkrieg wird bestätigen, daß der Verkehr sich durchaus mit heutigen Verhältnissen messen konnte — je stärker also der Reiseverkehr, desto höher die Zuggewichte, desto größer die Forderung nach immer leistungsfähigeren Lokomotiven. Es ist bekannt, daß die süddeutschen Bahnen früher als der Norden unter den Schwierigkeiten dieser Entwicklung litten. Denn dort kamen zu den hohen Zuggewichten noch die Probleme des Geländes. Die zahlreichen Steigungen ließen schon im Jahre 1907 die „Pazifik"-Lokomotive entstehen, also die Maschine mit

Bild 2 Preußische Heißdampfvorläufer: Die S 4 von 1902. (Erläuterung auf Seite 164) (Foto: Maey)

Bild 3 Die größere S 6 von 1906. (Erläuterung auf Seite 164) (Foto: Maey)

Bild 4 Auch die P 8 galt zunächst als Schnellzuglokomotive. Aufnahme einer der ersten Lokomotiven in Goslar. Die Lok trägt die Betriebsnummer 2403 und hat noch Windschneidenführerhaus (Foto: Wolff)

Bild 5   Preußische 2'C-Heißdampflokomotiven. Hier die P 8 im Ursprungszustand. (Erläuterung auf Seite 164)

(Sammlung Bellingrodt)

Bild 6   Die P 8 im letzten Bauzustand

(Foto: Bellingrodt)

Bild 7   Schnellzuglokomotive S 8 von 1910, Prototype der S 10

(Werkfoto)

Bild 8   Vierlings-S 10 von 1911

(Foto: Bellingrodt)

Bild 9   Erste S 10¹-Verbundlok von 1911   (Foto: Bellingrodt)

Bild 10   Geänderte Bauart der S 10¹ von 1914   (Foto: Bellingrodt)

Bild 11   Dreizylindrige S 10² von 1914   (Foto: Bellingrodt)

Bild 12   S 10² mit Zweiachsantrieb   (Foto: Bellingrodt)

Bild 13 Die S 10-Prototype Erfurt 1001 am Lokschuppen des Bw Halle   (Foto: Krebs/Konrad)

Bild 14 Werkfoto einer neuen S 10^1, bei Henschel aufgenommen

Bild 15 Erste Schritte: Lok Halle 1102 an der Bekohlungsanlage des Bw Halle   (Foto: Krebs/Konrad)

der Achsfolge 2 C 1, das zu einer Zeit, wo in Norddeutschland, besonders in Preußen der Zweikuppler, also die Maschine mit zwei gekuppelten Treibachsen, das Feld beherrschte. Preußen besaß Anfang 1911 rund 4700 derartige Lokomotiven, darunter 1350 2'B-Schnellzuglokomotiven. In Süddeutschland war bereits vor der Jahrhundertwende die 2 C-Lokomotive im Reisezugdienst erschienen, die in Preußen mit einer unbedeutenden Ausnahme (P 7) lange Zeit fehlte. Erst im Jahre 1906 traf mit dem Aufkommen der 2 C-Personenzuglokomotive Gattung P 8 ein Wandel ein, der allerdings so entscheidend wurde, daß er das Eisenbahnwesen ganz Deutschlands über Jahre hinweg wesentlich beeinflußt hat.

Werfen wir aber vorerst einen Blick auf die Organisation dieses großen Gebildes Preußische Staatsbahn:

Übersicht über die Gliederung der Preußisch-Hessischen Staatseisenbahn
(Stand von 1913)

Direktion	Betriebsstreckenlänge		Anzahl der Betriebs-, Verkehrs-, Maschinen-Ämter			Bahnhöfe und Haltepunkte	Personalstand
	insgesamt km	davon zwei- und mehrgleisig					
Altona	2 028	881	13	7	5	425	20 130
Berlin	703	522	10	5	4	194	25 237
Breslau	2 315	1 091	16	6	6	452	23 482
Bromberg	2 288	658	13	4	4	367	11 221
Cassel	2 060	1 105	14	5	5	463	18 646
Cöln	1 884	885	13	5	5	413	29 837
Danzig	2 635	682	15	5	4	436	10 883
Elberfeld	1 493	680	13	5	5	372	23 097
Erfurt	1 993	559	13	5	5	482	15 615
Essen	1 236	872	14	7	5	200	32 288
Frankfurt	1 964	769	13	5	4	526	20 798
Halle	2 116	1 386	15	5	5	373	22 100
Hannover	2 211	1 288	15	5	5	403	25 159
Kattowitz	1 747	641	13	4	5	277	17 659
Königsberg	2 940	498	18	5	5	451	11 291
Magdeburg	1 712	1 137	16	4	5	292	17 640
Mainz	1 162	621	10	4	3	274	14 579
Münster	1 466	608	10	3	3	260	12 208
Posen	2 651	1 005	14	5	5	444	14 359
Saarbrücken	1 214	563	10	4	3	311	11 716
Stettin	2 205	600	12	4	4	438	12 649
Zentralamt	—	—	—	—	—	—	669
	40 023	17 051	280	102	95	7 853	391 263

Über den Lokomotivbau der K.P.E.V. in jenem ersten Jahrzehnt — so ihre Kurzbezeichnung als „Königlich Preußische Eisenbahn-Verwaltung" — ist viel geschrieben und viel kritisiert worden. Die Vorwürfe richten sich gegen zweierlei, einmal gegen die mitunter übertrieben scheinende Sparsamkeit, damals noch als Nationaltugend dieses Staates gewürdigt. Sie rührte aus den unterschiedlichen wirtschaftlichen Verhältnissen der einzelnen preußischen Provinzen her, wenn man will, aus der ärmlichen Vergangenheit dieses Staates überhaupt. Zwar blühte der Westen des preußischen Staates auf wie keine andere Provinz, die Mitte schloß sich mehr und mehr an, der ganze Osten jedoch mußte mit Ausnahme des oberschlesischen Kohlenreviers nach heutigen Gesichtspunkten als unterentwickelt gelten, gab es doch kaum Ansätze einer Industrialisierung zu entdecken. So hieß es auch für die Staatsbahn, den Erfolg, das heißt also Überschuß, mit dem geringstmöglichen Aufwand erzielen. Diese Sparsamkeit hinterließ ihre Spuren auf allen Gebieten, die Beamtenschaft war vom Direktionspräsidenten an bis zum letzten Schrankenwärter von diesem Prinzip durchdrungen, eine beispielhafte Einstellung des Bediensteten zum Staate, wie sie uns heute als ein unerreichbares Ideal erscheinen will.

Infolge dieser Sparsamkeit, die sich im Lokomotivbau gegen jede unnötig erscheinende Achse wandte, gegen jede angeblich nicht erforderliche Vergrößerung des Kessels, hat sich in Preußen die zweifach gekuppelte Lokomotive im Reisezugdienst und der Dreikuppler (Achsfolge C) im Güterzugdienst bis in den Beginn der Reichsbahnzeit (1920) hinein gehalten. In Konsequenz dieser Prinzipien ergaben sich Maschinen von bestechender Einfachheit und Übersichtlichkeit, leicht zu unterhalten, leicht zu bedienen. Das war aber in diesem Staate, der von der belgischen bis zur russischen Grenze reichte, geradezu lebenswichtig. Der Ausbildungsstand des Personals blieb immer unterschiedlich. Der Maschinendienst rekrutierte sich aus den sogenannten Militäranwärtern, also längerdienenden Soldaten, die 12 Jahre hinter sich gebracht und einen „Versorgungsschein" erworben hatten. Das Niveau dieses „Nachwuchses" war oft bescheiden. Die seit dem Jahre 1877 vorangetriebenen Vereinheitlichungsbestrebungen mußten darauf Rücksicht nehmen, daß eine Maschine auch von einem technisch weniger begabten Menschen mit der erforderlichen Sicherheit bedient werden konnte. Sie mußte ferner so einfach gestaltet sein, daß beispielsweise auch in der Betriebswerkstatt von Dobrzyn, Stralkowo oder Wieraszow an der russischen Grenze eine Reparatur vorgenommen werden konnte, wo meist nur Hammer, Schraubenschlüssel und Brecheisen als gängige Werkzeuge eingesetzt wurden. Nicht von ungefähr zählten daher so einfache Maschinen wie die P 2 (1 B), P 3¹ (1 B), die G 3 (C), später die P 4¹ und ² und die G 7 zu den beliebtesten Maschinen der K.P.E.V. überhaupt. Ihre Robustheit und geringe Störanfälligkeit machten sich wiederum im Betrieb bezahlt. Die Züge wiesen kaum Ausfälle auf, fuhren pünktlich, der Betrieb war in Ordnung, da von oben herab bereits viele Fehlermöglichkeiten aus dem Wege geräumt waren. So hat die vielgerühmte — oder kritisierte — preußische Sparsamkeit sich auf dem Gebiet des Verkehrswesens wortwörtlich „ausbezahlt" und dazu beigetragen, daß die alte K.P.E.V. in relativ kurzer Zeit die Mängel der übernommenen Privatbahnen beseitigen konnte und darüber hinaus beispielhaft für die mitunter sehr nachlässig geführten anderen deutschen Bahnen wirkte.

Die Kehrseite dieser Einstellung zeigte sich darin, daß die alten preußischen Lokomotiven nur gerade eben in der Lage waren, die an sie gestellten Anforderungen zu erfüllen. Größere Leistungsanforderungen bedingten größere Kesselleistungen, größere Kessel hingegen verlangten ein entsprechendes Laufwerk. Während also Süddeutschland um die Jahrhundertwende bereits zur 2 C- und 2 B 1-Achsfolge überging, mußte in Preußen die 2 B noch ein volles Jahrzehnt lang die ganze Last des schnellen Reisezugverkehrs tragen. Die wenigen Atlantik-Typen (2 B 1) der Gattung S 7 fielen ja gar nicht ins Gewicht. Sie waren auch beim Personal nicht beliebt, das infolge der gewohnten einfachen Maschinen in negativem Sinne „verwöhnt" war. Das ist einer der Gründe, warum in Preußen die vierzylindrige Maschine auf Ablehnung stieß. Dem weniger versierten Leser sei erklärt, daß die Entwicklung im Lokomotivbau von der alten Naßdampfmaschine, wie sie Stephenson eingeführt hatte, über die bessere Ausnutzung der Dampfwärme durch Einführung der zweistufigen Dampfdehnung (Verbundmaschine) im Jahre 1876 über die Doppelverbund-Bauart (Vierzylinder-Verbundmaschine), die im Jahre 1886 entstand, bis zur Dampfüberhitzung von 1898 führt. Die Verbundwirkung wurde nach anfänglichem Mißtrauen in Preußen begeistert aufgenommen, ermöglichte sie doch eine Leistungssteigerung bei nur geringem Mehraufwand. Sobald jedoch aus der Zweizylinder-Verbund- die Vierzylinder-Verbundmaschine wurde, verhielt sich das Personal ablehnend, wozu in diesem Falle auch die Werkstätten gezählt werden müssen. Kein Wunder also, warum der Heißdampf in Preußen, der ja bei gleichbleibender Einfachheit der Bedienung eine erhebliche Leistungssteigerung mit sich brachte, sich nach Überwindung der jeder Neuerung gegenüber vorhandenen Abneigung zunehmender Beliebtheit erfreute. Bezeichnend ist, daß wiederum der Heißdampf-Zweikuppler, also besonders die S 6 (Achsfolge 2 B) beim Personal geschätzt wurde.

So richtete sich die Kritik an der K.P.E.V. gegen das ständige Hinterherhinken der Maschinenleistung hinter den Anforderungen, das so weit ging, daß man aus Angst vor einer weiteren Laufachse an 2 C-Lokomotiven herumoperierte, als sich in Europa längst die 2 C 1-Maschine durchgesetzt hatte, mit der die preußischen Lokomotiven leistungsmäßig nicht Schritt halten konnten.

Hiermit eng verbunden ist der zweite Vorwurf, den man gern der K.P.E.V. macht. Dieser Vorwurf ist mit der Person Robert Garbes verbunden, der von seinen Gegnern selbst für Dinge verantwortlich gemacht wurde, die in der Natur der Sache lagen und für die er überhaupt nichts konnte.

Das Beschaffungswesen der K.P.E.V. war bis zum Jahre 1907, der Gründung des Kgl. Eisenbahn-Zentralamtes, das danach die zentrale Beschaffung von Maschinen und Geräten für den gesamten Bereich übernahm, so gegliedert, daß den einzelnen Direktionen besondere Aufgaben zugewiesen waren. So oblag beispielsweise der Direktion Essen die Beschaffung des gesamten Oberbaus und der Kohle für den Westen, der Direktion Kattowitz die Beschaffung der Kohle für den Osten, der Direktion Erfurt die Beschaffung von Berglokomotiven, der Direktion Hannover die Beschaffung von Verbundlokomotiven, der Direktion Berlin die Beschaffung von Heißdampflokomotiven und so fort. Beschaffungsdezernent bei der ED Berlin war Robert Garbe, dessen leidenschaftliches Eintreten für die Heißdampflokomotive längst Geschichte geworden ist. Wir brauchen deshalb an dieser Stelle nicht nochmals auf alles einzugehen, was Garbe auf diesem Gebiet geleistet hat. In einem gesonderten Kapitel soll das Wirken dieser interessanten Persönlichkeit abschließend untersucht werden.

Es geht uns hier um eine Entwicklung, wie sie im Jahre 1908 einsetzte und letztlich zum Bau unserer S 10¹-Lokomotiven führte. Am 1. 4. 1907 nahm das Eisenbahn-Zentralamt in Berlin seine Tätigkeit auf. Ihm oblag in erster Linie das Beschaffungs-wesen, wie bereits erwähnt. Zentral wurden Fahrzeuge aller Art beschafft, dann Gegen-stände, deren Zusammenfassung so große Bedarfsmengen ergab, daß der Einkauf wesentlich verbilligt werden konnte, denken wir nur an eiserne Oberbaustoffe, an Schwellen, Telegrafenstangen, Anstrichstoffe, Rohmetalle und Syndikatwaren wie Stahl, Kohle und dergleichen. Das E.Z.A. hat gewaltige Summen von Jahresaufträgen ver-geben; auch später war seine Nachfolgestelle, das Reichsbahn-Zentralamt, der größte Auftraggeber in Friedenszeiten. Hinzu kamen andere wichtige Dinge, der Güterwagen-ausgleich für das gesamte Netz, das Vorschriftenwesen und ganz allgemein die Fort-entwicklung des Eisenbahnwesens. Diesem Zwecke dienten besonders die unterstellten Versuchsämter.

Erster Präsident des Zentralamtes war der Wirkliche Geheime Ober-Regierungsrat Wilhelm Hoff, ein Mann, der aus bescheidenen Verhältnissen kam, sich ohne Studium hochdienen mußte und dennoch zu großem Ansehen gelangte. Das ist interessant, daß sowohl Hoff wie auch Garbe — dieser hatte sich vom Schlosser zum Geheimrat hoch-arbeiten müssen — Selfmademänner waren, Beweis dafür, daß sich Tüchtigkeit seit jeher durchgesetzt hat.

Das Eisenbahn-Zentralamt unterhielt kein eigenes Konstruktionsbüro, wie mitunter fälschlich behauptet wird. Es bildete sozusagen nur die Schaltstelle, die speziell bei der Beschaffung neuer Lokomotiven die Vorarbeit zu leisten hatte, ehe das Ministerium für öffentliche Arbeiten, dem die Staatsbahnen unterstanden, seine Zustimmung gab. Denn die letzte Entscheidung lag immer dort. Der hierfür zuständige Oberbeamte war der Wirkliche Geheime Oberbaurat und vortragender Rat Carl Müller, der über den Ministerialdirektor der maschinentechnischen Abteilung (Abteilung 5) dem Unterstaats-sekretär für das Eisenbahnwesen unmittelbar Bericht erstattete. Nehmen wir es vorweg: Er ist der eigentliche Vater unserer hier zur Debatte stehenden S 10¹-Lokomotiven.

Wie überall sind auch die preußischen Lokomotiven von den Konstrukteuren der beauftragten Lokomotivfabriken entworfen und baureif durchgezeichnet worden. Der Unterschied zwischen Preußen und beispielsweise Bayern, wo sich der Konstruktions-chef der Lokomotivfabrik Maffei, Anton Hammel, einen besonderen Namen verschaffen konnte, liegt darin, daß Herr von Weiß, der zuständige Beamte im Münchener Mini-sterium, dem Konstrukteur weit weniger Vorschriften machte als etwa das Eisenbahn-Zentralamt in Preußen. Hammel war in seinem Handlungsspielraum freier als etwa Brückmann von Schwartzkopff in Berlin, der Erbauer der P 8, Heise von Henschel, der Konstrukteur der G 10, Najork vom Vulcan, der für die S 10² zuständige Techniker. Sie alle haben ihre Entwürfe nach den Plänen Garbes ändern müssen bzw. sich nach gegebenen Anweisungen richten müssen. Deshalb finden sich an den preußischen Loko-motiven der ersten beiden Jahrzehnte viele Ähnlichkeiten — nicht zu ihrem Schaden, wie wir heute feststellen müssen. Wieviel Arbeit ist allein den Ausbesserungswerken erspart geblieben dadurch, daß viele Teile übereinstimmten, ohne indes genormt zu sein. Man bedenke allein den Vorteil, der sich für die Bedienung der Maschinen dadurch ergab, daß die Armaturen gleich waren und im Führerhaus alle Bedienungshebel an derselben Stelle lagen. Ein Lokführer konnte ohne weiteres von einer P 8 auf eine G 8 umsteigen.

So finden wir also Robert Garbe im Jahre 1907, als er das Lokomotivdezernat im Eisenbahn-Zentralamt übernahm, auf der Höhe seines Ansehens und Wirkens. Die im Jahre 1906 aus der alten S 4 von 1902, der ersten Heißdampf-Schnellzuglokomotive (Bild 2) entwickelte S 6 (Bild 3) gilt als der Höhepunkt seiner Tätigkeit. Die P 8 von 1906 (Bild 5) war es noch nicht, sie wies damals noch viele Kinderkrankheiten auf, und erst ihre Umkonstruktion durch Borsig im Jahre 1913 — Garbe befand sich bereits im Ruhestand — ließ sie zu jenem Volltreffer werden, als den wir sie heute kennen. Nein, die S 6 galt bis zum Jahre 1912 als das Maß aller Dinge, sie stellte Garbes Renommierstück dar, das er bei jeder Gelegenheit als Vergleich anführte, um die Überlegenheit der einfachen Heißdampfmaschine immer wieder hervorzuheben.

Nun, an dieser Stelle soll allein der Wahrheit die Ehre gegeben werden. Die S 6 war tatsächlich eine sehr gelungene Lokomotive und für damalige Verhältnisse sehr leistungsfähig, allen gegenteiligen Behauptungen von Garbes Gegnern zum Trotz. Kurz noch ein Wort über die Bahnen der anderen deutschen Länder, die sich weit eher mit dem Problem größerer Zugleistung befassen mußten. Bayern führte 1899 die 2 C-Bauart ein, der 1903 eine verbesserte Konstruktion folgte, ab 1906 als Heißdampfmaschine (S 3/5). Sachsen stellte zwischen 1906 und 1909 mehrere Spielarten von 2 C-Lokomotiven in Dienst. Baden erzielte nach 1895 mit seiner 2 C n4v-Lok recht gute Erfolge auf der Schwarzwaldbahn, während Württemberg 1898 eine der bayerischen De Glehn-Type ähnliche Bauart wählte. Alle Länderbahn-2 C-Lokomotiven standen jedoch den späteren preußischen Ausführungen an Leistung nach und blieben ohne Einfluß auf die Konstruktion unserer S 10[1], so daß wir sie hier übergehen können. Nicht so der elsässische, sprich Grafenstadener Lokomotivbau. Von allerhöchster Stelle wurde nachhaltig auf Förderung der Industrie der Reichslande Elsaß-Lothringen gedrängt, das Zentralamt vergab beträchtliche Aufträge an die dortigen Unternehmen. Es lag daher nahe, daß Preußen schon aus diesem Grund in Berührung mit der von der Elsässischen Maschinenbau-Gesellschaft in Grafenstaden entwickelten De Glehn/Du Bousquet-Lokomotivbauart kam.

So lagen also die Dinge, als Deutschland sich zu seinem letzten großen Aufschwung anschickte, der dann im August 1914 sein jähes Ende fand. Schon zeichneten sich im Jahre 1911 erste Gewitterwolken ab, ein Krieg konnte nur um Haaresbreite vermieden werden. Noch einmal blieb der Friede erhalten, für kaum mehr als drei Jahre. Es waren die drei Jahre des Höhepunktes der „Kaiserzeit". Seit 1908 hatte der Reisezugverkehr solch gewaltigen Aufschwung genommen, daß sich stärkere Lokomotiven nicht mehr umgehen ließen. Die dreifach gekuppelte Schnellzugmaschine (2 C) mußte auch in Preußen kommen. Die S 6 war letztlich die Ursache, daß dies so spät geschah. Aber noch glaubte man, auf die zusätzliche Laufachse der „Pazifik" verzichten zu können. Die 2 C sollte über ein Jahrzehnt lang Preußens Seelenheil dienen.

Die Übersicht auf Seite 20 soll helfen, einige Ordnung in die manchmal verwirrenden Bezeichnungen der einzelnen Gattungen zu bringen und für den in der preußischen Lokomotivgeschichte nicht so sattelfesten Leser die Zusammenhänge verdeutlichen.

Zusammenhänge in der Entwicklung der Reisezuglokomotiven bei der Preußischen Staatsbahn

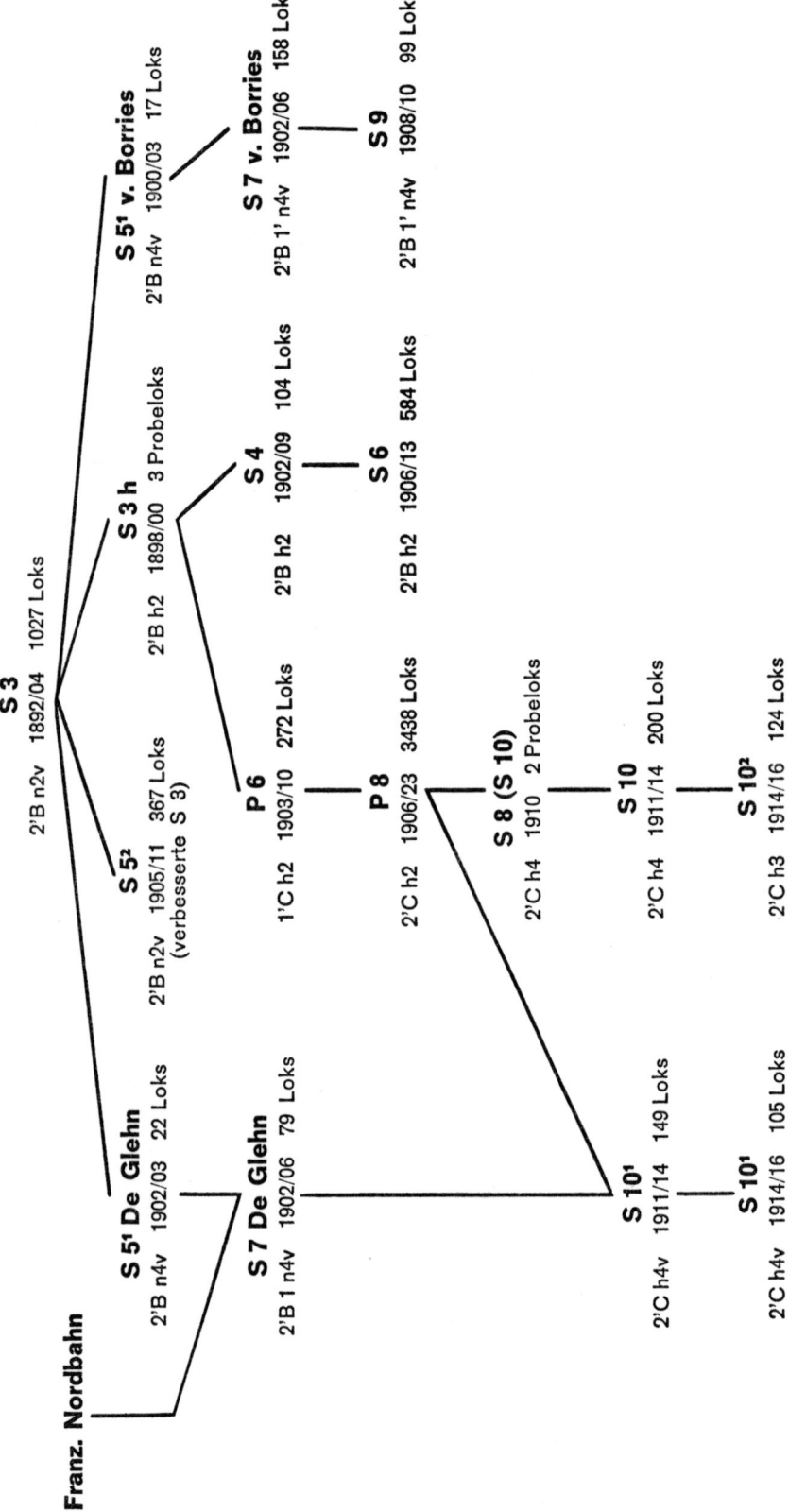

Eine Lokomotive entsteht

Die Wünsche nach einer dreifach gekuppelten Schnellzuglokomotive kamen vor allem von den Maschinendezernenten der Eisenbahndirektionen Erfurt, Frankfurt, Kassel und Elberfeld für deren Hügellandstrecken. Das besonders, nachdem sich die 1906 entstandene P 8 für höhere Geschwindigkeiten als 80 km/h, zumindest in der ursprünglichen Bauart, als nicht geeignet erwies. Die P 6, zunächst ebenfalls als Schnellzuglokomotive deklariert, war schon bald nach Erscheinen wegen des zu kleinen Treibraddurchmessers für diesen Zweck ausgeschieden. Erschwerend kam hinzu, daß es mit der P 8 in den ersten Jahren noch viel Ärger gab. Oft blieben Maschinen mit festgefressenen Kolben auf der Strecke liegen, die Frage der Kolbenringe, die eine sichere Abdichtung gegen Dampftemperaturen von über 300° gewährleisteten, sowie Schmieröle für solch hohe Temperaturen, war noch nicht zur Zufriedenheit gelöst. Unterschwellig wurde daher der Wunsch nach Verbundlokomotiven hörbar, besonders dort, wo gute Erfahrungen mit dieser Bauart vorlagen.

Prekär war die Situation auf den Mittelgebirgsstrecken. Die S 6 erwies sich im Hinblick auf ihre Treibräder von 2100 mm Durchmesser nur für Flachlandstrecken als geeignet. Den Dienst beispielsweise auf der stark belegten Hauptbahn Erfurt—Frankfurt/M. versahen 2 B 1-Lokomotiven der Gattung S 7, Grafenstadener Bauart, die wohl hinsichtlich der Geschwindigkeit genügten, jedoch mit ihrem Reibungsgewicht von 32 t für das Ingangsetzen schwerer Züge nicht ausreichten.

Im Ministerium herrschte Unsicherheit, in welcher Richtung man sich bewegen sollte. Wie ungern man sich von der bewährten und beliebten 2 B-Bauart lösen konnte, mag die Tatsache erhellen, daß die S 4 noch bis 1909, die S 5² noch bis 1911, die S 6 sogar bis 1913 weitergebaut wurden. Garbe plädierte für eine vergrößerte P 8 mit 1980 mm Treibraddurchmesser. Doch scheute man im Hinblick auf die bisherigen Erfahrungen ein Risiko, insbesondere tauchten Bedenken auf wegen der zu erwartenden hohen Kolbendrücke auf Zapfen und Lager, so daß Garbe schließlich einen Vierling, also eine Vierzylindermaschine mit einfacher Dampfdehnung, aber wieder von der P 8 abgeleitet, ins Gespräch brachte. Dieser Vorschlag folgte einer alten Idee von ihm. Bereits als es im Jahre 1905 um die Beschaffung schnellfahrender Lokomotiven zwecks Erhöhung der Reisegeschwindigkeit ging, hatte er einen Doppelzwilling der 2 B-Bauart vorgeschlagen, also eine vierzylindrige S 6, aber mit 2200 mm Treibraddurchmesser. Die Verbundmaschine lehnte er in Verbindung mit dem Heißdampf als überflüssig und kostspielig ab, der dampfverschwendende Vierling hingegen fand Gnade vor seinen Augen, nicht zuletzt wohl deshalb, weil Flamme in Belgien einen Heißdampf-Vierling gebaut hatte (Reihe 9), der recht gut gelungen schien.

So erhielt im Jahre 1909 die Berliner Maschinenfabrik vorm. L. Schwartzkopff, deren Direktor Brückmann bereits die P 8 entworfen hatte, den Auftrag, aus ihr eine 2 C-Heißdampf-Doppelzwilling-Schnellzuglokomotive abzuleiten. Kuriosum der Zeit: Ein Jahr vorher hatte man bei der Hanomag noch einmal Vierzylinder-Verbund-Naßdampfmaschinen, Gattung S 9, bestellt!

Die Schwartzkopff-Maschinen wurden im Frühjahr 1910 unter den Fabriknummern

4455 und 4456 abgeliefert, sie erhielten zunächst das Gattungszeichen S 8 (dessen wir uns im nachfolgenden auch zur besseren Kenntlichmachung bedienen wollen) und gingen mit den Betr.-Nummern 801 und 802 an die K.E.D. Erfurt. Die Verwandtschaft mit der P 8 ist schon äußerlich leicht zu erkennen (vgl. Bilder 7 und 13). Lok Erfurt 801 wurde auf der Brüsseler Ausstellung des Jahres 1910 gezeigt, mit der Lokomotive 802 begannen unter der Leitung von Garbe in Grunewald Versuche, die wir z. T. in der Tabelle Seite 70 berücksichtigt haben.

Nun, die Maschine, von der man sich so viel versprochen hatte, enttäuschte. Sie zeigte sich der P 8 nur gering überlegen, wies vielerlei Mängel auf, galt schließlich als Kohlenfresser und ließ im Ministerium erneut Zweifel aufkommen, welcher Weg künftig einzuschlagen sei. Der Mißerfolg der S 8 blieb nicht verborgen. Die Vertreter der nördlichen und östlichen Eisenbahndirektionen Stettin, Danzig, Königsberg, Posen und Bromberg, denen vor allem an der Einsparung von Kohlefrachten gelegen war — in Anbetracht der weiten Transportwege von den Kohlerevieren Ruhr und Oberschlesien zum Verbrauchsort verständlich — forderten mit Nachdruck eine Heißdampf-Verbundlokomotive, von der sie sich erhöhte Wirtschaftlichkeit erhofften. Für Garbe mußte die schwache Leistung der S 8 eine herbe Enttäuschung bedeuten, das um so mehr, als Flamme in Belgien eine wesentlich glücklichere Hand bewiesen hatte. Er stürzte sich daher mit Eifer an die Änderung der S 8 und Beseitigung ihrer Mängel und setzte beim Ministerium den Bau eines weiteren Loses von zehn verbesserten Maschinen bei Schwartzkopff durch, auf die wir hier nicht näher eingehen wollen. Sie unterschieden sich zum Teil wesentlich von den beiden S 8-Probemaschinen (die übrigens Ende 1910 das Gattungszeichen S 10 und die Betr.-Nummern Erfurt 1001 und 1002 erhalten hatten) und wurden im April 1911 unter den Fabriknummern 4679—4688 geliefert. Ihnen war größerer Erfolg beschieden, sie standen zum Teil bei der DR noch als 17 001—005 bis 1933 in Dienst. 1912 wurden mit diesen S 10-Lokomotiven Versuchsfahrten abgehalten, die zu weiteren Änderungen führten.

So blieb Garbe der Erfolg, der vor Übertritt in den Ruhestand 1912 die Krönung seines Wirkens bringen sollte, versagt. Man spürte seit diesem Jahr deutlich die noch unverbrauchte und unvorbelastete Kraft des neuen Lokomotivbaudezernenten und Garbe-Nachfolgers, des Oberbaurates Hinrich Lübken. Er war derjenige, der nunmehr bis zum Übergang auf die DR dem Maschinenwesen der K.P.E.V. seinen Stempel aufdrücken sollte und der auch in den ersten Jahren bei der neuen Firma noch maßgebend tätig war. Ist die Ära Garbe durch die P 6, P 8, S 10, G 8, G 10, T 8, T 10 und T 12 mit ihrem unverwechselbaren Stil gekennzeichnet, so weisen die Lokomotiven der Lübken-Ära wieder ein eigenes Gepräge aus, das sich in der Belpaire-Feuerbüchse und im Dreizylinder-Triebwerk zeigt: G 12, G 8² und G 8³, T 20 und P 10. Eine seiner ersten Taten war der Umbau der P 8.

Doch damit sind wir der Entwicklung schon weit vorausgeeilt. Zurück zum Jahre 1910 und der schweren Geburt der Vierlings-S 10. Was sich Ende Dezember 1910, Anfang Januar 1911, im Zentralamt und im Ministerium abspielte, ist heute nicht mehr im einzelnen feststellbar. Die Akten hierüber liegen im preußischen Staatsarchiv, das sich in der DDR (z. Z. Merseburg) befindet und damit für westliche Interessenten unerreich-

Bild 16   Konstrukteur der S 10¹: Georg Heise (1874—1945)

Bild 17   Die S 10¹ trugen schön
geschwungene   Fabrikschilder
am Radkasten. Lok 17 1055
        (Foto: Dr. Heydenreich)

Bild 18   Fertig zur Ablieferung, Cassel 1912. Eine soeben von Henschel abgelieferte S 10¹ in Original-„Fabrikverpackung", mit abgenommenen Kuppelstangen   (Foto: Dr. Feißel)

Bild 19   Lok Magdeburg 1107 mit Speisedom und Vorwärmer, Ersatzkessel. (Erläuterung auf Seite 164)   (Foto: Krebs/Konrad)

Bild 20   Allererste S 10¹, Halle 1101, wird in Grunewald zur Versuchsfahrt fertiggemacht   (Foto: Sammlung Haas)

Bild 21   Lok Hannover 1110, im Jahre 1923 aufgenommen. (Erläuterung auf Seite 164)   (Foto: Sammlung Dr. Scheingraber)

Bild 22   Mit Reichsbahn-Nummer vor dem D 1 Cöln—Berlin. Die Aufnahme wurde in Hannover gemacht. Diese Stelle war ein beliebter Standpunkt der Eisenbahnfotografen Hubert, Kreutzer und auch Wolff. Die Lok hat Vorwärmer und trägt DR-Nummer. Noch fehlen die Windleitbleche
          (Foto: Sammlung Suckow)

Bild 23 Eine der ersten Lokomotiven der Bauart 1914, Halle 1111. Hier ist die Abstützung des Kessels gegen den Rahmen bei der Bauart 1914 gut zu erkennen. Sie wurde später durch Bleche verdeckt (Bild 78). Diese wurden notwendig, nachdem beim Reinigen der Rauchkammer immer wieder Lösche und Ruß vor die Zylinderpartie fielen   (Foto: Wolff)

Bild 24 Lok Halle 1112 mit Windableitvorrichtung, im Bw Anhalter Bahnhof in Berlin aufgenommen. Die Lok trägt „Windleitbleche" am Schornstein. In jenen Jahren bemühte man sich ernsthaft um eine Rauchableitvorrichtung. Die seltsamste Ausführung zeigt Bild 32
(Foto: Kreutzer/Suckow)

Bild 25 Abermals die Bauart 1914, Hannover 1123
(Sammlung Harder)

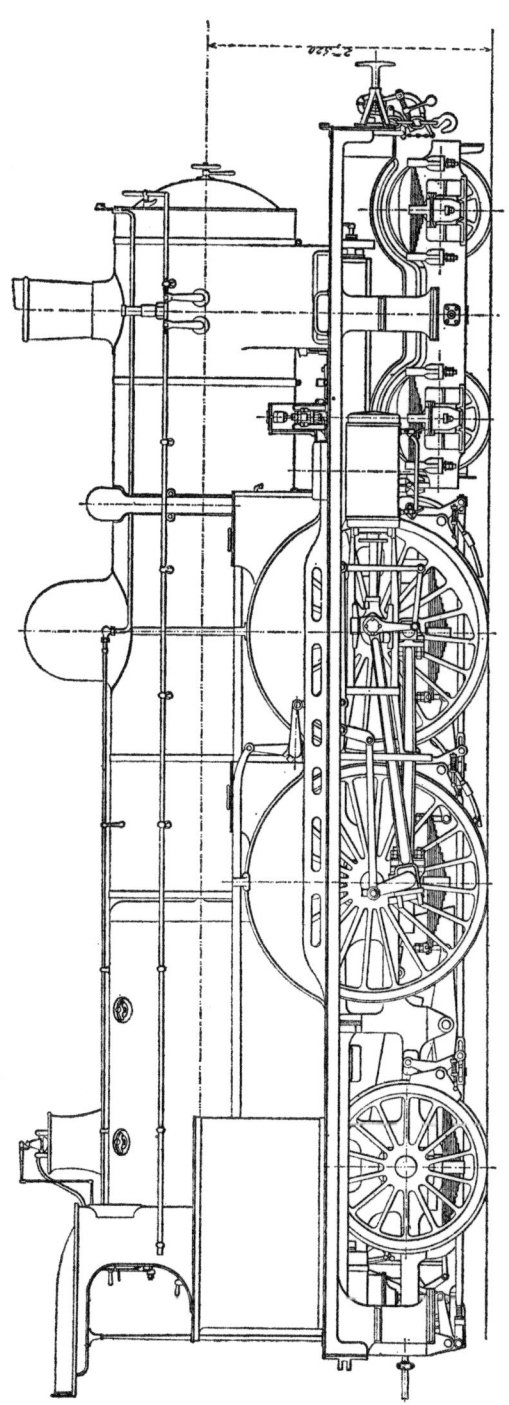

Die „klassische" De Glehn-Lokomotivtype, erstmals bei der französischen Nordbahn ausgeführt

bar bleibt. Die Angaben in der Literatur sind unzuverlässig und nicht zu verwenden. So bleibt uns nur übrig, durch eine Rekonstruktion des möglichen Geschehens einiges Licht in das Dunkel zu bringen.

Wer die Planung einer Vierzylinder - Verbund - Heißdampfschnellzuglokomotive in die Wege leitete, ob die Firma Henschel selbst oder das Ministerium, das wird wohl immer ungeklärt bleiben. Fest steht, daß Garbe keinen Anteil am Zustandekommen dieses Projektes hatte, ihm vielmehr später mit ausgesprochener Aversion gegenüberstand und nur seiner Pflicht als preußischer Beamter genügte und die Weisungen des Ministeriums ausführte. Nicht nachweisbar ist auch der in der Literatur mehrfach zitierte Einfluß Lübkens auf die neue Maschine. Lübken war im Jahre 1909 von den Reichseisenbahnen zum Zentralamt versetzt worden. Zweifellos waren ihm die Probleme aus seiner früheren Tätigkeit in Straßburg vertraut. Der Direktor der Elsässischen Maschinenfabrik in Grafenstaden bei Straßburg, Alfred de Glehn, hatte der Vierzylinder-Verbundlokomotive zum Durchbruch verholfen, besonders in der nach ihm benannten Bauart (die auch häufig einfach Grafenstadener Bauart genannt wird). De Glehns Nordbahn-Atlantik vom Jahre 1900 gilt noch heute als Prototype der „schönen" De Glehn-Lokomotive.

Sie kam als S 7 Grafenstadener Bauart (zum Unterschied von der S 7 nach Bauart v. Borries — Han-

27

noverscher Bauart) im Jahre 1902 nach Preußen. Daß Lübken nach so kurzer Dienstzeit im Königl. Zentralamt schon selbständig hätte handeln dürfen, ist unwahrscheinlich. Es kann lediglich angenommen werden, daß ihn Garbe an den Verhandlungen mit dem Ministerium teilnehmen ließ. Fest dürfte stehen, daß die treibende Kraft zum Bau der Verbundmaschinen der Geheimrat Müller vom Ministerium war.

Vorsteher des Lokomotivkonstruktionsbüros I (Staatsbahnlokomotiven) der Firma Henschel in Kassel war Georg Heise (Bild 16). Er hatte sich soeben durch den Entwurf und Bau der G 10-Heißdampf-Güterzuglokomotive sowohl bei Garbe als auch beim Ministerium bestens empfohlen. Jedenfalls wurde Henschel zur Vorlage des Projektes einer 2′C h4v-Schnellzuglokomotive ersucht, über das Heise am 18. 1. 1911 die Entwurfszeichnungen und Leistungsberechnungen, Zeichnung P 53 (später in P 56 geändert) vorlegte. Die abgedruckte Leistungstabelle aus diesem Entwurf zeigt seine eigene Handschrift. Damit rückt der eigentliche Erbauer der S 10^1 in den Mittelpunkt des Geschehens und wir müssen uns fragen, wer war Heise?

Georg Heise wurde am 9. April 1874 in Landshut in Bayern geboren. Nach der Studienzeit erhielt er seine praktische Ausbildung im italienischen Zweigwerk Saronno der Maschinenfabrik Esslingen. Am 15. 9. 1899 trat er als Konstrukteur in die Firma Henschel in Kassel ein und arbeitete im Büro des Oberingenieurs Kuhn. Hier erwarb sich der junge Heise durch seine Leistungen bald Namen und Ansehen, so daß nach Kuhns plötzlichem Tod im Jahre 1903 Heise unter Ernennung zum Oberingenieur die Leitung des Lokomotivkonstruktionsbüros I und damit die Nachfolge Kuhns übertragen wurde, ein außerordentlicher Vertrauensbeweis für den 29jährigen. In dieser Stellung hat er 36 Jahre lang gewirkt und den deutschen Lokomotivbau wesentlich mitgestaltet. Die preußische G 10, die S 10^1 und die alte G 12, spätere G 12^1, sind seine ureigensten Schöpfungen, wie auch der ungeübte Betrachter erkennen kann. Später hat er maßgeblich an den Mittel- und Hochdrucklokomotiven für die DR mitgearbeitet. Zur Reichsbahnzeit erstreckte sich sein Wirken vorwiegend auf Lieferungen an das Ausland. So sind die 1 D 1-, 2 D- und 1 E-„Einheits"-Lokomotiven für die Türkische Staatsbahn Heises Werk. Im Jahre 1939 schied er aus dem aktiven Dienst. Mit dem Entwurf der kleinen 1 B 1-Tenderlokomotiven der Lübeck-Büchener Eisenbahn von 1936 hat er sich vom deutschen Lokomotivbau verabschiedet. Am 30. 3. 1945, kurz vor Kriegsende, verstarb er, knapp 71jährig, in Kassel.

Heise war also Bayer, er kannte nicht nur genau die Hammelschen Konstruktionen des Hauses Maffei (1930 baute er die letzten S 3/6-Lokomotiven), sondern auch von Saronno her den Esslinger Lokomotivbau. Darüber hinaus war er durch das Haus Henschel eng mit den Problemen sowohl des Heißdampfes als auch der Verbundmaschine bekannt, hatte doch Henschel unter seiner Ägide sowohl die Grafenstadener S 7 als auch die elsässische S 9 weitergebaut. In den Jahren vor dem Ersten Weltkrieg finden wir manche Henschel-Lieferung an Frankreich, überwiegend mit Vierzylinder-Verbund-Triebwerk. Die De-Glehnsche-Bauart war ihm geläufig, doch Gelegenheiten, wo dem Konstrukteur die Wahl freigestellt war, wurden in Deutschland immer seltener. Wir werden auf den folgenden Seiten lesen können, wie das Eisenbahn-Zentralamt, insbesondere Garbe, großen Einfluß auf die Konstruktion nahm. Wir wissen, daß später

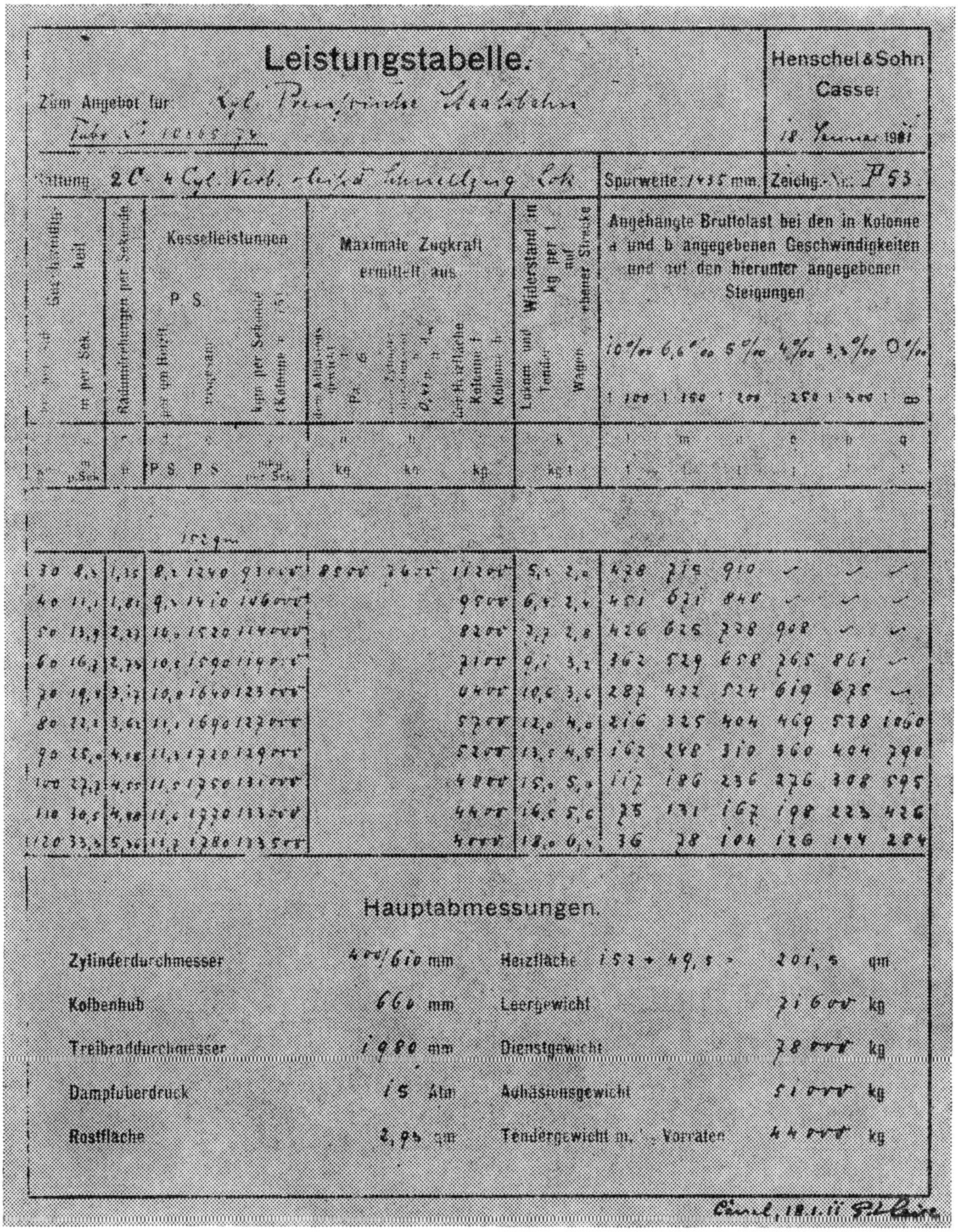

Leistungstabelle.

Henschel & Sohn Cassel

Zum Angebot für: Kgl. Preussische Staatsbahn
Fabr. Nr. 10165 74

18. Januar 1911

Gattung: 2 C. 4 Cyl. Verb. Heissd. Schnellzug Lok.

Spurweite: 1435 mm. Zeichg.-Nr.: P 53

Geschwindigkeit km/Std	Geschwindigkeit m per Sek.	Radumdrehungen per Sekunde n	Kesselleistungen P.S. per qm Heizfl.	Kesselleistungen P.S. insgesamt	kgm per Sekunde (Kolonne ... 5)	Maximale Zugkraft ermittelt aus: dem Adhäsionsgewicht	Maximale Zugkraft: Pz	Maximale Zugkraft: der Heizfläche (Kolonne f)	Widerstand in kg per t auf ebener Strecke: Lokom. und Tender	Widerstand: Wagen	Angehängte Bruttolast 10 ‰ (1 : 100) t	6,6 ‰ (1 : 150) t	5 ‰ (1 : 200) t	4 ‰ (1 : 250) t	2,5 ‰ (1 : 400) t	0 ‰ (1 : ∞) t
30	8,3	1,35	8,2	1240	93000	8500	7600	11200	5,5	2,0	478	715	910	–	–	–
40	11,1	1,81	9,3	1410	106000			9500	6,4	2,4	451	671	840	–	–	–
50	13,9	2,27	10,0	1520	114000			8200	7,7	2,8	426	625	778	908	–	–
60	16,7	2,73	10,5	1590	119000			7100	9,1	3,2	362	529	658	765	861	–
70	19,4	3,17	10,8	1640	123000			6400	10,6	3,6	287	422	524	619	675	–
80	22,2	3,62	11,1	1690	127000			5700	12,0	4,0	216	325	404	469	528	1060
90	25,0	4,08	11,3	1720	129000			5200	13,5	4,5	162	248	310	360	404	790
100	27,7	4,55	11,5	1750	131000			4800	15,0	5,0	117	186	236	276	308	595
110	30,5	4,98	11,6	1770	133000			4400	16,5	5,6	75	131	167	198	223	426
120	33,3	5,36	11,7	1780	133500			4000	18,0	6,4	36	78	104	126	144	284

152 qm

Hauptabmessungen.

Zylinderdurchmesser	400/610 mm	Heizfläche 152 + 49,5 =	201,5 qm
Kolbenhub	660 mm	Leergewicht	71600 kg
Treibraddurchmesser	1980 mm	Dienstgewicht	78000 kg
Dampfüberdruck	15 Atm	Adhäsionsgewicht	51000 kg
Rostfläche	2,94 qm	Tendergewicht m. Vorräten	44000 kg

Cassel, 18.1.11 G. Heise

Von Georg Heise selbst ausgeschriebene Leistungstabelle zum ersten Angebot (Vorentwurf P 53) vom 18. 1. 1911.

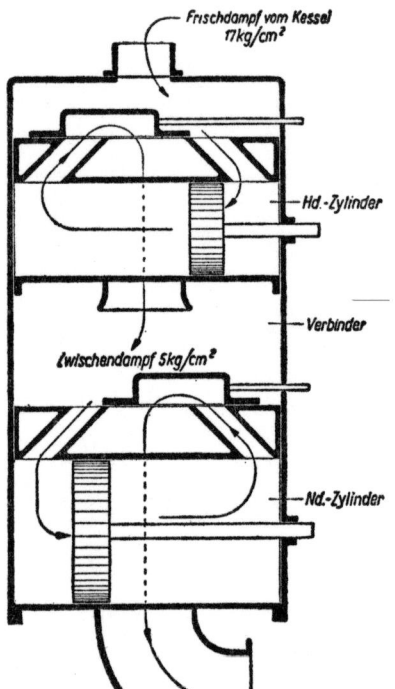

Frischdampf vom Kessel
17 kg/cm²

Hd.-Zylinder

Verbinder

Zwischendampf 5 kg/cm²

Nd.-Zylinder

Zum Blasrohr

Wirkungsweise der Verbundmaschine

Während bei der Maschine mit einfacher Dampfdehnung der Dampf nach im Zylinder geleisteter
Arbeit ins Freie pufft, bewirkt die Verbundmaschine
die Dampfdehnung in zwei Stufen. Der Frischdampf vom Kessel tritt mit seiner vollen Spannung
(ca. 15-17 kg/cm²) zunächst in den Hochdruckzylinder, bewegt dort den Kolben, wobei er selbst
bis auf etwa 5 kg/cm² entspannt. Danach strömt er
in den Verbinder und von dort in den größeren
Niederdruckzylinder, wo er nochmals Arbeit leistet
und mit ganz geringer Spannung aus dem Schornstein pufft. Daher waren Verbundloks auch wegen
ihres milden Auspuffs geschätzt. Bei der Vierzylinder-Verbundmaschine ist die abgebildete Anordnung
zweimal vorhanden. Man spricht deshalb bei ihr
auch von Doppel-Verbundlokomotive. Je nach Un-
terbringungsmöglichkeit liegen bei ihr die beiden
Hochdruck- oder die beiden Niederdruckzylinder
innerhalb der Rahmenwangen unterhalb der Rauchkammer und wirken auf die zweifach gekröpfte
Treibachse.

zur Zeit der Reichsbahn das Vereinheitlichungsbüro die Konstruktionsarbeit durch-
führte und den einzelnen Lokomotivfabriken nurmehr die Möglichkeit für Sondervor-
schläge verblieb.

Wenn wir hier der Entstehungsgeschichte der neuen Schnellzuglokomotiven — sie
sollten später das Gattungszeichen S 10[1] erhalten — relativ breiten Raum widmen, so
deshalb, weil sie ein bezeichnendes Licht auf die damaligen Verhältnisse wirft, insbesondere auf die vielfach undurchsichtigen Beziehungen zwischen Ministerium, Eisenbahn-
Zentralamt und Lieferant. Sie läßt gleichzeitig erkennen, wieviel mühevoller Kleinarbeit
es bedarf, bis das Projekt einer Lokomotive baureif ausgehandelt ist, wie die Wünsche
der Beteiligten oftmals weit auseinandergehen und nur allmählich der Kompromiß
heranreift. Vieles von der nachstehend geschilderten Arbeitsweise hat sich bis zum
heutigen Tag nicht geändert. Wenn der Leser auf dem Bahnhof einer modernen E-Lok,
beispielsweise der E 103, begegnet, dann wird er kaum vermuten, daß ihrem Bau eine
ähnliche Vielfalt von Besprechungen, Planungen, Beschreibungen zwischen Baufirma,
dem DB-Zentralamt und der Hauptverwaltung der DB vorausgegangen ist, daß auch
hier die Meinungen zwischen Neubaudezernenten, Konstrukteuren und Betriebsleuten
oft recht gegensätzlich sind. Und daß die Gegenwart weniger durch persönliche Ani-
mositäten belastet sei, dürfte ebenfalls nicht erwiesen sein. Die Wiedergabe mancher
Einzelheit aus der Baugeschichte erleichtert schließlich dem Kenner der Materie das Verständnis, warum es in diesem Falle so und in jenem nicht anders gekommen ist.

Bei Durchsicht der Akten fällt uns auf, daß die Frage des Gewichts und der Achslasten bei dem Projekt eine entscheidende Rolle spielte. Bei der umkonstruierten S 8, der nunmehrigen S 10, war man bereits an der Grenze des Möglichen angelangt. Denken wir daran, daß auf den Hauptstrecken damals keine höheren Achslasten als 17 t zugelassen waren, vielfach galten noch 16 t als Obergrenze. Um diese 17 t kreisen die ersten Diskussionen. Ein Bericht des Regierungsbaumeisters Potthoff, damals Leiter aller Konstruktionsabteilungen von Henschel, macht das deutlich.

Bericht von Rbm. Potthoff über das Ergebnis der Besprechung im Ministerium am 22. 2. 1911
Die *Gewichtsberechnung* darf trotz des Schwartzkopffschen Beispiels nicht mehr wie 17 t pro Achse maximal ergeben. Um dies zu erreichen, soll der Rahmen verkürzt werden, 700 mm am Fußboden gemessen wird als ausreichend betrachtet. Der Rahmen selbst soll noch mehr verkürzt werden, der Fußboden soll auf auskragende Konsolen gelagert werden, der Tendervorbau entsprechend verlängert werden. Das Führerhaus ist möglichst leicht und einfach zu halten. Der Rost soll in *einer* schrägen Ebene durchgeführt werden, auf den Kipprost muß vorläufig verzichtet werden. Der Rost soll aus Doppelroststäben von 12 mm Dicke mit 12 mm Luft bestehen. Der Roststabträger soll zugleich eine Querverankerung für den Bodenring bilden. Rahmenausschnitte sind anzubringen wo irgend möglich. Die Gleitbacken sind für die beiden hinteren Kuppelachsen *offen* vorzusehen. Die hintere Rohrwandstärke wird auf 27 mm herabgesetzt, dagegen die hintere Wand des Feuerbüchsmantels auf 16 mm erhöht. Die geraden Treib- und Kuppelachsen sind mit 200 mm $\varnothing$ ausreichend. Sollte alles dies zusammen noch nicht genügen, so muß der Rost *kürzer* werden.
Stehbolzen zum Teil aus Mangankupfer, ganz durchbohrt, zum Teil aus hohlgewalztem (Mannesmann) Kupfer. Stehbolzenstärke *nur* 20 mm im Kern.
Der Rauchkammermantel soll aus einem dünneren oberen und einem dicken (20 mm) unteren Blech bestehen.
In den vorderen Teil kann zur Entlastung der Treibachsen noch mehr Gewicht gelegt werden; schwere Stahlgußteile als Pufferbohle. Die inneren Zylinder können evtl. noch weiter nach vorn gerückt werden.
Zwischen Rädern und Rahmen muß das Spiel vergrößert werden auf ungefähr 20 mm. Rahmen kann zwischen Nieder- und Hochdruck-Cylindern eingezogen werden. Der ganze Rahmen kann *genietet* werden. Die Rostbreite wird sich dadurch auf ca. 1050 mm ermäßigen müssen.
Die Platte für den Drehzapfen des Drehgestells ist kräftiger zu halten.
Die vorgeschlagene Kuhn'sche Schleife soll Anwendung finden, jedoch soll die Steuerwelle stärker und als dickwandiges Rohr ausgebildet werden. Wellenlager wenn angängig zweiteilig. Bremse einseitig mit eingezeichneter Klotzanordnung (schwingende Welle).   Potthoff

P. S. Die Schwartzkopff'schen S 10-Loks werden, wie man vermutet, 17 t Achsdruck ein wenig überschreiten. Lieferung Anfang April.

Wir entnehmen aus diesem Vermerk, daß die Angelegenheit begann, Gestalt anzunehmen, aber auch, wie prekär die Gewichtsfrage war. Sie zieht sich tatsächlich wie ein roter Faden durch die ersten Jahre der S 10¹, bis dann mit dem Umbau 1914 eine befriedigende Lösung gefunden wurde. Hier zeigt sich sehr deutlich, welche Schwierigkeiten sich ergeben, wenn aus einer 2 C-Personenzuglokomotive mit 1750 mm Raddurchmesser eine Vierzylinder-Schnellzuglok mit 1980 mm Treibraddurchmesser entwickelt werden soll. Brückmann von Schwartzkopff hatte beim Vierling schon seine liebe Not mit der Geschichte.

Das folgende Protokoll, das wir wegen seiner großen Länge nur auszugsweise wiedergeben können, zeigt in auffälliger Weise, wie Garbe versuchte, aus dem Heise-Entwurf eine Vierzylinder-Verbund-S 8 zu machen mit dem Hintergedanken, die Überlegenheit der einfachen Dampfdehnung nachweisen zu können. Der technisch weniger interessierte Leser mag darüber hinweglesen. Wir glauben indes, daß gerade das folgende Dokument bezeichnend für Garbes Haltung ist.

Protokoll

der Besprechung mit Herrn Geh. Baurat Garbe am 28. Febr. und 1. März 1911 über den Neuentwurf P 56 der 2 C-4 Cyl. Heißdampf-Verbund-Schnellzug-Lokomotive.

Zu dem von der Firma Henschel & Sohn, Cassel, aufgestellten Entwurf P 56 ist folgendes zu bemerken:

Eine Verlängerung des Rostes ohne unzulässige Vergrößerung des Gewichtes bei genügend starken Bauteilen ist nicht angängig, weil diese Frage bereits beim Bau der neuen S 10-Lok von Schwartzkopff aufgetaucht war, in jeder Beziehung durchgesprochen wurde und weil alle Erwägungen dazu geführt haben, die bewährte Feuerkiste mit 2600 mm Rostlänge, als maximale Rostlänge für das höchst zulässige Gewicht von 8500 kg pro Raddruck festzuhalten. Es dürfte auch bei Anwendung der Verbund-Wirkung und 15 Atm Kesselspannung um so weniger ein zwingender Grund vorliegen, den Rost noch zu vergrößern, da hierdurch der unmittelbare Vergleich zwischen der ein- und zweistufigen Dampfdehnung bei erheblicher Veränderung des Kessels gestört würde. Ausschlaggebend ist jedenfalls die unausbleibliche Gewichtsvermehrung, welche nach den Erfahrungen des Herrn Geh. Garbe die Lokomotive nicht verträgt. Aus demselben Grunde ist die Anwendung der Belpaire-Feuerkiste nicht angängig.

Die Rahmen können nicht mittels versenkter Nieten zusammengebaut werden. Ein lichtes Maß zwischen den Rahmenplatten von 1290 mm ist unzulässig und wird anheimgegeben, bei dem gebräuchlichen Breitenmaß von 1240 mm zu bleiben. Dies hat zur Folge, daß die Unterbringung der Niederdruckzylinder schwierig wird. Da der Durchmesser der Niederdruckzylinder nicht verringert werden kann, so müßte bei Beibehaltung derselben als Innenzylinder eine Kröpfung des Rahmens im vorderen Teil stattfinden. Diese Maßnahme ist jedoch nicht empfehlenswert, und es entsteht die Frage, ob es nicht richtiger sei, die Rahmen gerade zu belassen und die Niederdruckzylinder nach Außen zu verlegen. Ob dann die Glehn'sche Anordnung noch aufrecht erhalten bleiben kann, müßte sich erst aus der Durchkonstruktion ergeben und dürfte es sich empfehlen zum Angriff aller 4 Zylinder an der Kropfachse zurückzukehren, da bei dieser Anordnung eine bessere Führung des ein- und ausströmenden Dampfes, eine einfachere Anwendung der Steuerung, sowie die Rückkehr zur Horizontallage der Innenzylinder ermöglicht würde. Sollten die Niederdruckzylinder innen verbleiben, so werden infolge des Zusammenrückens der Rahmenplatten größere Rahmenausschnitte für das Durchtreten der Zylinderkörper erforderlich, die wiederum zur Vergrößerung des Drehgestellradstandes zwingen. Letztere Maßnahme ist aus dem Grunde nicht zu empfehlen, da sich hierdurch der Abstand zwischen vorderer Treib- und hinterer Laufachse verringert und der Zugang zur inneren Maschine erschwert wird. Mit dem Fortfall der Schräglage der Zylinder wäre es zugleich wieder möglich, die normale Pufferbohle anzuwenden und vor die Rauchkammer den üblichen Auftritt anzuordnen. Auch könnte alsdann der Durchmesser der Rauchkammer wieder vergrößert werden. Bei den langen, ohne Aufenthalt zu durchfahrenden Strecken ist ein großer Löschraum sehr wertvoll. Der kleinere Rauchkammerdurchmesser erschwert außerdem das Arbeiten an den Überhitzerrohren, Klappen und Dampfrohren. Aus Gründen der erschwerten Zugänglichkeit der von unten eingeführten Überhitzerrohre in den Sammelkasten wird anheimgestellt, bei diesen Lokomotiven noch die bewährte Anordnung des bisher bei der Kgl. Preußischen Staatsbahn ausschließlich verwandten Dampfsammelkastens auszuführen, da die Erfahrung gezeigt hat, daß ein öfteres Nachziehen der Bolzen, welche die Überhitzerelemente mit dem Kasten verbinden, unerläßlich ist und diese Bolzen bei der bisherigen Anordnung erheblich leichter zugänglich sind.

Die Zusammenstellungszeichnungen der Steuerung, der Zylinder und die Führung des Dampfein- und Ausgangs sind baldigst vorzulegen.

Vorstehende Winke und Empfehlungen sind im Interesse der Einheitlichkeit und des einfacheren und leichteren Baues der Lokomotive gegeben. Sollten im Einzelnen schon bestimmte Anordnungen des Herrn Ministers vorliegen, so müssen diese unbedingt aufgezeichnet werden und sind bei Vorlage der beiderseitigen Zeichnungen die Vor- und Nachteile der verschiedenen Anordnungen so klar zu erörtern, daß bei Überprüfung der vorgelegten Zeichnungen, dem Herrn Commissar die Arbeit und Wahl erleichtert wird.

Mit der Durchkonstruktion der Lokomotive ist sofort mit allen Mitteln zu beginnen und die Zeichnungen sind so zu fördern, daß möglichst innerhalb 3 Wochen die Vorlage der wesentlichsten Zeichnungen in Blei geschehen kann. Ergeben sich irgendwelche Anstände, so sind dieselben sofort dem K.E.Z. mitzuteilen, damit weitere Besprechung erfolgen kann. Ist die Einhaltung des gesetzten Termins unmöglich, so ist gleichfalls Mitteilung zu machen, damit Terminverlängerung beantragt werden kann. Auf alle Fälle müssen die Arbeiten so beschleunigt werden, daß die Indienststellung der Lokomotiven im Herbst ds. Js. so frühzeitig erfolgt, daß noch im Laufe ds. Js. durch Versuche festgestellt werden kann, welcher Lokomotive, ob Zwilling oder Verbund, bei Neubeschaffung der Vorzug zu geben ist. Die Preisbildung ist so vorzubereiten, daß die Preise schon bei der Prüfung der endgültigen Zeichnungen überprüft werden können. Modellkosten oder Entschädigungen für die Ausarbeitung der Zeichnungen können nicht bewilligt werden. Zur Sicherung einer gleichmäßigen Beschäftigung des Werkes soll die Ablieferung einer dem Preiswert der neuen Lokomotive entsprechenden Anzahl von Lokomotiven, die bis 30. September zu liefern sind, möglichst in den Oktober oder November ds. Js. verschoben werden. In 14 Tagen wird gebeten, über den Stand der zeichnerischen Arbeiten und die voraussichtlichen Lieferfristen dem K.E.Z. Mitteilung zu machen.

*

Drei Dinge dürften in dieser Niederschrift interessant sein. Einmal, daß Garbe den Henschel-Leuten ganz gehörig ins Handwerk hineingriff und sich selbst um Kleinigkeiten kümmerte, ein Vorgang, der sich sowohl positiv wie negativ deuten läßt. Zweitens wird klar, daß Anordnungen des Herrn Ministers Vorrang auch gegenüber dem Zentralamt genossen. Die dritte interessante Passage bildet der Termin. Die Maschinen sollten so schnell wie möglich fertiggestellt werden, notfalls unter Zurückstellung eines anderen Loses bestellter Staatsbahnlokomotiven. An dieser Stelle daher ein kurzer Blick auf den Betrieb. Aus der bisherigen Schilderung haben wir gesehen, daß eigentlich viel Zeit unnütz verstrichen war. Schwartzkopff hatte die beiden S 8 im Frühjahr 1910 geliefert, Probefahrten fanden erst im Herbst statt. Die Umarbeitung des Entwurfs erforderte Zeit, die ersten 10 Maschinen der neuen S 10-Serie konnten nicht vor April 1911 ausgeliefert werden. Die Verbund-S 10[1] befand sich noch immer im Stadium der Planung. Inzwischen waren die Wünsche der Direktionen nur noch dringender geworden. Insbesondere die Vertreter der ED Halle lagen dem Zentralamt in den Ohren. Der Reisezugverkehr Berlin—München war beschleunigt worden. Eine Reihe durchgehender schneller Züge trug den erhöhten Ansprüchen der Wirtschaft Rechnung, so die D 79/80, aus denen später die bekannten FD 79/80 wurden. Die Bayerische Staatsbahn hatte sich bereit erklärt, mit ihren Nürnberger S 3/6-Maschinen ab 1912 bis Halle durchzufahren. Aber die Betriebswerkstatt Halle (später „Bahnbetriebswerk-Bw“) besaß nur S 4- und S 6-Maschinen, daneben eine größere Anzahl P 8, die allesamt nicht genügen konnten. Dabei war Gegenseitigkeit vereinbart, die Preußen aus Halle sollten bis Nürnberg durchfahren, die Personale wurden bereits auf dem bayerischen Teil der Strecke eingewiesen. Guter Rat war teuer, und das Drängen Garbes wird unter diesem Gesichtspunkt verständlich.

Leider war Heise von den vielen Sonderwünschen Garbes durchaus nicht entzückt. Unter dem 6. März 1911 richtet er einen Klagebrief an seinen Chef, der für sich selbst spricht und keines Kommentars bedarf.

Cassel, 6. März 1911

Herrn Reg. Baumeister Potthoff!
In der Anlage übersende ich Ihnen das über die Besprechung unseres Neuentwurfs der 2 C 4-Cyl. H.S.L. mit Herrn Geheimrat Garbe aufgenommene Protokoll. Wie Sie daraus ersehen werden, bleibt von unserem Entwurf überhaupt nichts mehr übrig. Die Lokomotive würde nur der S 10 von Schwartzkopff nachzuempfinden sein, mit

Bild 26 Glanzzeit der Bauart 1911. Lok Halle 1104 vor dem D 80 in Berlin Anh. Bhf 1914. Für diejenigen, die es genau wissen wollen: die Aufschrift auf der Pufferbohle lautet „Haftpfl. b. 12. 8. 14" und „Unt. Hl. 12. 8. 13"

(Foto: Sammlung Th. Krafft)

Bild 27 Lok Breslau 1111, in Berlin aufgenommen. Das Pop-Sicherheitsventil besaß eine Dampfableitvorrichtung. Aufnahme 1916. Während bei den Ramsbottom-Sicherheitsventilen (die zwei hohen hintereinanderliegenden Röhren) abblasender Dampf senkrecht nach oben strömte, entwich er bei den beiden Pop-Ventilen seitlich und konnte die Sicht der Mannschaft erheblich behindern. Daher finden wir bei Maschinen mit derartigen Sicherheitsventilen immer wieder Röhren zwecks Ableitung des Dampfes nach hinten. Auf dem Bild ist der „Automat" gut zu erkennen. Während die Maschine bereits Drehgestellbremsen hat, sind die Kuppelachsen noch einseitig gebremst. Ihre spätere doppelseitige Abbremsung ist aus Bild 29 zu entnehmen

(Foto: Pierson)

Bild 28 Die Stralsunder 17 1003 trägt bereits Windleitbleche. Aufnahme 1929. Es handelt sich um eine Lok der Vorserie mit niedriger Pufferbohle (später erhöht, Bild 29). Die in der Regel bei dieser Serie freiliegenden Kolbenstangenhülsen wurden hier mit Blech verkleidet (Foto: Harder)

Bild 29 S 10¹ der Bauart 1911 in ihrem letzten Bauzustand mit Ersatzkessel und Stahlfeuerbüchse, Vorwärmer, verstärkter Bremse und Indusi (Foto: Maey, Sammlung Schadow)

Bild 30 So sahen die Maschinen der Bauart 1914 Ende der zwanziger Jahre aus. Lok 17 1161 des Bw Lehrter Bahnhof
(Foto: Hubert, Sammlung Harder)

Bild 31 Lok 17 1140 des Bw Lehrter Bahnhof vor D 102 am 9. 8. 1936 in Stendal aufgenommen. Bemalung anläßlich der Olympiade in Berlin. Man beachte bei der Lok 17 1140 die bereits verstärkte Bremsanlage im Gegensatz zur 1161 (Foto: Biche)

Bild 32 Der „Zeppelin", Lok 1107 Stettin mit versuchsweiser Rauchableitvorrichtung   (Foto: Sammlung Maixner)

Bild 33 Niederdruck-Zylinderblock der S 10^1

Bild 34 S 10^1 — Kessel mit Ramsbottom-Sicherheitsventil

Bild 35 Rahmen mit Versteifung vorn und ND-Zylinderblock

dem einzigen Unterschied, daß sie Verbund- statt Zwillingsanordnung erhält. Herr Geheimrat Garbe stützt sich auf einen im Überweisungsschreiben des Ministeriums an das K.E.Z. stehenden Passus, wonach die neu zu bauende Lokomotive als Vergleichslokomotive gegenüber der S 10 gelten soll, um an Versuchen festzustellen, ob der Verbundanordnung der Vorzug zu geben ist. Den Ausdruck Vergleichslokomotive faßt Herr Geh. Garbe dahin auf, daß nur bei vollkommen gleichen Abmessungen wie Rost, Heizfläche etc. ein einwandfreier Vergleich erzielt werden kann. In dem Schreiben des Ministeriums an das K.E.Z. steht ferner, daß die Zeichnungen durch Herrn Geh. Oberbaurat Müller genehmigt werden. Wir selbst haben über diesen Punkt bis jetzt weder ein Schreiben vom Ministerium noch vom K.E.Z. erhalten und sind wir nun im Zweifel, inwieweit wir den Wünschen des Herrn Geh.-Rat Garbe Rechnung zu tragen haben. Es wird wohl am besten sein, wenn Sie sich brieflich mit Herrn Rbm. Hammer über diesen Punkt verständigen, und bitten wir, uns umg. gefl. Ihre Meinung zu übermitteln. Bei weiterer Verkürzung des Rostes auf 2700 mm Länge kommen wir mit Sicherheit auf den höchstzulässigen Achsdruck von 17 000 kg.

Der Fortfall der De Glehnschen Achsenanordnung würde uns ja mit einem Schlage wieder die Verwendung des ursprünglichen Kessels gestatten, jedoch glaube ich mich aus Ihren Äußerungen zu erinnern, daß gerade die De Glehnsche Achsenanordnung Herrn Geh.-Rat Müller sehr sympathisch ist. Die von Herrn Garbe vorgeschlagene Umwechslung der Cylinder, Niederdruck nach Außen — Hochdruck nach Innen, wäre nur möglich, wenn wir alle 4 Cylinder nebeneinander legen. Der außenliegende Niederdruckcylinder würde eine sehr lange Kolbenstange erhalten, die Pleuelstangen würden ca. 3000 mm und die Leitstäbe müßten nach Art der 2 C 1-Lok der P.L.M. nochmals unterstützt werden. Abgesehen von der schädlichen Wirkung der hin- und hergehenden Triebwerkteile auf den ruhigen Gang der Lokomotive, würde dieselbe im äußerlichen Ansehen kaum gewinnen

Die Schräglage der Niederdruckzylinder zwingt uns wiederum zu dem kleineren Rauchkammerdurchmesser und dieser zur Verwendung des Überhitzerkastens mit von unten eingeführten Überhitzerrohren. Der verringerte Löscheraum könnte ja durch Verlängern der Rauchkammer ausgeglichen werden.

Dies sind die wesentlichen Punkte, die klargestellt werden müssen, ehe mit den Detailarbeiten begonnen werden kann. Über die kleineren Abweichungen von den preußischen Normalien, wie z. B. gehärtete Achsbuchsen, Längsstreben direkt an die Gleitbacken geschraubt etc. könnte ja später noch gesprochen werden. Uns kommt es vor allen Dingen darauf an zu wissen, sind die mit dem Herrn vom Ministerium getroffenen Vereinbarungen durchaus maßgebend oder haben wir den Vorschlägen des Herrn Geh. Garbe zu entsprechen.

> Mit besten Grüßen
> Ihr ergebener
> G. Heise

Das Ministerium muß sich alsbald eingeschaltet haben, vermutlich auf Nachsuchen der Vertreter der Firma Henschel. Denn unsere nächste Notiz stammt vom 29. April 1911 und bringt bereits eine abschließende Klärung, diesmal aber zugunsten Heises und der Firma Henschel.

Königliches Eisenbahn Zentralamt, Berlin

Betr.: Zeichnungen 2 C-H.S.L. dr. v. 1980 $\emptyset$

Besprechung am 29. April 1911

Anwesend die Herren:
Geh. Oberbaurat M ü l l e r
Geh. Baurat G a r b e
Reg. Baumeister H a m m e r
Eisenb. Bauinspektor S c h w e t h
Direktor v o n G o n t a r d
Reg. Baumeister a. D. P o t t h o f f
Oberingenieur H e i s e

An den zur Vorlage gebrachten Zeichnungen wurden folgende Vereinbarungen getroffen:

1.) Kessel.   Die Kesselzeichnung wird für die Ausführung genehmigt. Der Rauchkammermantel soll auf seinen ganzen Umfang 15 mm stark werden. Das Schonerblech in der Rauchkammer kommt in Wegfall.
Im Dom ist ein normaler Wasserabscheider oder falls die geringe Höhe des Domes den Einbau eines solchen nicht zuläßt, ein gelochtes Blech einzubauen.
Auf den Dampfentnahmeröhren im Dom zur Entnahme des Dampfes für die Luftpumpe etc. sind Hauben in ähnlicher Bauart, wie die von der Firma Marcotty für die Rohrleitung im Dom benutzten, zu setzen und erhalten 5 Lokomotiven diese Hauben in genauer Übereinstimmung mit der Bauart Marcotty und 5 Lokomotiven solche mit eingerolltem Unterrand und Wasserablaufröhrchen.

2.) Überhitzer.   Über die Wahl der Überhitzerkastenbauart, ob der von der Firma Henschel & Sohn vorgeschlagene zweiteilige mit Anschluß der Überhitzerrohre von unten, oder der normale Kasten mit Anschluß der Rohre von vorne, bleibt Entscheidung noch vorbehalten.
Die Überhitzerrohre erhalten geschweißte Umkehrungen.

3.) Rahmen.	An Stelle der durch die Anordnung der Niederdruckcylinder zwischen den Rahmen bedingten Kröpfung des Rahmens nach Außen, schlägt die Firma ein Überlaschen der vorderen und hinteren Rahmenplatten in der Weise vor, daß die vorderen Rahmenplatten bis Vorderkante Hochdruckcylinderflansch, die hinteren Rahmenplatten bis Vorderkante Niederdruckcylinderflansch durchgeführt werden. Für den durch die Rahmenplatten durchtretenden Niederdruckcylinderkörper sind entsprechende Aussparungen zu machen. Diese Anordnung hat außer dem Fortfall der Kröpfung noch den Vorteil, daß die Rahmenbleche über dem Ausschnitt der hinteren Laufachse infolge der übereinander liegenden Bleche, doppelten Querschnitt erhalten. Der Vorschlag sowie die übrige Anordnung des Rahmens wird genehmigt.

Die geschlossenen Bügelgleitbacken der Treib- und Kuppelachsen sind an die Rahmenbleche anzunieten und erhalten direkt von unten gegen die Gleitbacken geschraubte Längsstreben.

Die Verbindung der Rahmenbleche mit den Rahmenstreben erfolgt so weit als tunlich durch Nietung.

4.) Cylinder.	Gegen die vorgelegten Zeichnungen der Hoch- und Niederdruckcylinder ist nichts einzuwenden. Sie erhalten eingepreßte Schieberbüchsen mit Kolbenschiebern Schichauscher Bauart von 220 bzw. 300 m/m Durchmesser. Die Hochdruckcylinder erhalten innere, die Niederdruckcylinder äußere Einströmung.

Für die Dampfeinströmung sitzt ein von der Firma vorgeschlagenes 4 Tellerluftsaugventil auf einem am Überhitzerkasten angegossenen Stutzen dicht hinter dem Schornstein. Zwei weitere Luftsaugventile gleicher Bauart befinden sich auf den Einströmkrümmern der Niederdruckcylinder zu beiden Seiten der Rauchkammer. Außerdem sind an den Hochdruckcylindern Blindflansche vorzusehen die ein etwaiges späteres Anbringen von Luftsaugventilen Schichauscher Bauart zulassen. Bei 5 Lokomotiven erhalten die Ventiltellerchen der Luftsaugventile angedrehte Führungsstifte, während die anderen 5 Lokomotiven ohne diese Führungsstifte auszuführen sind.

5.) Dampfführung.	Gegen die projektierte Dampfführung ist nichts einzuwenden. Der Dampf wird durch den im Dom sitzenden Regulator Schmidt & Wagner von 155 m/m lichter Rohrweite nach dem Überhitzerkasten und den Überhitzerröhren geleitet, strömt von hier durch die beiden Dampfeingangsröhren von 140 m/m lichtem Durchmesser nach den Schieberkästen der Hochdruckcylinder und gelangt dann durch zwei längs des Rahmens nach vorne führenden Verbinderröhren von 160 m/m lichter Weite vom Hochdruckcylinder nach den Schieberkästen der Niederdruckcylinder und

von hier durch das direkt auf dem Niederdruckcylindersattel aufgesetzte Exhaustorstandrohr nach dem Schornstein. Die beiden Verbinderröhren erhalten auf einer Seite Stopfbüchsen um die freie Ausdehnung nicht zu behindern.

6.) *Radsätze.* Die vorgelegten Radsatzzeichnungen werden genehmigt. Die Außenarme der Kropfachse sind in elliptischer Form auszuführen. Das Material der Kropfachse ist 5 % Nickelstahl. Anstelle der bisher verwendeten Rotgußschuhe der Treib- und Kuppelachslagerkasten, treten gehärtete, auf die Bügelgleitbacken aufgeschraubte Flußeisengleitschuhe. Die vorgelegten diesbezüglichen Zeichnungen werden genehmigt.

7.) *Steuerung.* Der Antrieb der Hochdruckkolbenschieber erfolgt durch die normale außenliegende Heusingersteuerung, deren Schieberbewegung durch zwei Übertragungswellen auf die Niederdruckschieber entsprechend übertragen wird.

8.) *Bremse.* Jede Treib- und Kuppelachse wird in der im Projekt angegebenen Weise einseitig abgebremst. Das Bremsgestänge ist für einen Bremsdruck von 150 % des Adhäsionsgewichtes zu berechnen. Die Bremsklötze werden aus diesem Grunde größere Abmessungen erhalten müssen.

Die Luftpumpe soll an linker Rauchkammerseite sitzen um den Führer in der freien Aussicht auf die Strecke nicht zu behindern.

Der Abdampf der Pumpe hat nach der Strahl'schen Bauart zu erfolgen.

9.) *Tender.* Die Lokomotiven erhalten den 32 cbm Tender mit amerikanischen Drehgestellen. Bei der Preisabgabe ist dies zu berücksichtigen.

Der nach vorstehenden Punkten berichtigte Entwurf der Lokomotive folgt in einigen Tagen. Die Hauptmaterialien wie Feuerbüchsen, Kessel und Rahmenbleche, Radsätze etc. können nach den vorgelegten Zeichnungen bestellt werden.

Cassel, den 9. Mai 1911

*

Am 30. Mai 1911 gibt Henschel schließlich sein Angebot ab, immerhin haben sich die Verhandlungen vom Januar an über 5 Monate hingezogen. Wir geben auch das Angebot wieder, da es bereits Einzelheiten über die technische Durchbildung der Maschine schildert.

Cassel, den 30. Mai 1911

Henschel & Sohn
Cassel

Angebot
für die Kgl. Preuß. Staats-Eisenb.
auf Lieferung von 10 Stück 2 C gek. 4 Cyl. H.S.L.v. Lokomotiven mit 4achsigen Tendern von 30 cbm Wasserinhalt.

Hauptabmessungen der Lokomotive
(Folgen Abmessungen wie auf Seite 149 aufgeführt, Anmerk. d. Verf.)

Sonderausrüstungen
Westinghouse oder Knorrbremse mit doppelstufiger Luftpumpe, Dampfheizung neue Bauart, Gasbeleuchtung, Michalk'sche Schmierpumpe 6-rohrig, Regulator Schmidt u. Wagner 155 $\emptyset$, Hilfsrahmen und Drehzapfentraverse aus Stahlguß, ein Pendelblech, geschweißte Überhitzerrohrklappen, schräge Feuerkastenhinter- u. Vorderwand, Längsstreben an die Bügelgleitbacken geschraubt, gehärtete Treib- u. Kuppelachslagerkasten, ausgezogene Ecken an Feuerbüchsbodenring und einfache Nietnaht, normale Tenderkupplung, (Führerhaus ohne Doppeldach), einteiliger, veränderter Überhitzerkasten, vier Druckausgleichvorrichtungen, durchbohrte Manganstehbolzen an den gefährdeten Stellen, sonst Stehbolzen aus hohlgewalztem Mannesmannkupfer, mit Stahlstiften geschlossen. Fünf Lok mit Gitterträgerroststäben von der Deutschen Feuerungs- und Heizungsindustrie, Kropfachse aus 5 % Nickelstahl, Treib- u. Kuppelzapfen aus Tiegelflußstahl mit angeschmiedeten Gegenkurbeln, Marcotty-Rauchverbrennung, Übertragungswellen vom Hoch- zum N.Cyl. mit angeschmiedeten Hebeln. Luftsaugeventile nach Vorschlag Henschel in 2 versch. Ausführungen, vergrößerter Funkenfänger, geänderter Armaturstutzen nach Vorschlag Henschel, Kessel für 15 Atm Druck mit vergrößerter Heiz- u. Rostfläche, runder Sandkasten mit 2 Ausläufen auf jeder Seite, verstärkte Laufachsschenkel, verstärkte Drehgestelltragfedern, Schieberstangenstopfbüchsen mit Metallpackung, vermehrte Stehbolzenzahl, Strahl'scher Luftpumpenauspuff, Verbindermanometer, Doppelrahmen in dem vord. Teil zwischen Hoch- u. Niederdr.-Cylinder, Verbindersicherheitsventil, vergrößerte Kolbenschieber für N.Cyl., geteilte Hauptluftbehälter.
Außer den normalen Kesselarmaturen, wie Wasserstand, Probierhähne etc. sind durchweg neue Modelle anzufertigen.

Anlagen
Zeichnung Nr. P 56 (ähnl. S. 81)
Leistungstabelle (auf S. 29)

Fügen wir der Vollständigkeit halber noch zwei Notizen vom 8. 6. und 16. 6. bei, die also aus der Zeit stammen, als mit dem Bau bereits begonnen worden war. Es steht zu vermuten, daß das Ministerium unmittelbar nach Eingang des Angebotes und dessen Prüfung den Bauauftrag, schon im Hinblick auf die drängenden Termine, erteilt hat. Die folgenden Notizen sind deshalb interessant, weil hier zum erstenmal der Name Lübkens erscheint, des kommenden Garbe-Nachfolgers, der in den bisherigen Verhandlungen nicht aufgetreten war. Ob sich trotzdem sein Wirken in der Stille abgespielt hat, wissen wir nicht, aus den vorhandenen, lückenhaften Unterlagen ist nichts zu entnehmen. Und die Protokolle des Eisenbahn-Zentralamtes sind uns verschlossen.

Niederschrift über die Besprechung am 8. Juni 1911 auf unserem Werke mit den Herren Geh. Baurat Garbe und Baurat Lübken, ergänzt durch die mit beiden vorgenannten Herren stattgehabte Besprechung am 16. Juni 1911 im Königlichen Eisenbahn-Zentralamte, betreffend Zeichnungen der 2 C-Heißdampf-Schnellzuglokomotiven mit vorderem Drehgestell und Treibrädern von 1980 mm Durchmesser.

1) Besprechung am 8. Juni 1911:

Die Pufferbohle wird abgetreppt, um die Stirnfläche nicht so groß erscheinen zu lassen. Ueber die durch das Trittblech tretenden Niederdruckkolbenstangenenden kommen Schutzhülsen.

Das Verbindersicherheitsventil ist, wie bei den 2 B 1-Grafenstadener Lokomotiven, auf halber, rechter Rauchkammerseite zu setzen.

Der Feuerschirm ist nach hinten zu verlängern.

Die Klammern an den seitlichen Feuerkastenträgern sind um eine Teilung zu vergrößern und der zwischen Rahmen und Kesselwand liegende Rotgußgleitwinkel ist etwa 75 mm tief zu führen. Die Ueberhitzerröhren erhalten 30/38 Durchmesser und geschweißte Umkehrungen.

Bei den Niederdruckschiebern ist das Spiel zwischen Schieberkörper und Schieberbüchse auf 1 mm im Durchmesser zu vergrößern, so daß der innere Durchmesser der Schieberbüchse 300 mm, der äußere des Schieberkörpers 299 mm beträgt. Die Niederdruckschieberringe erhalten einen Querschnitt von 11 mm Höhe bei 7 mm Breite. Die Hochdruckschieber und ihre Ringe erhalten die üblichen Abmessungen.

Die Nabe an der Drehzapfentraverse ist höher zu halten.

Die seitlichen Kreuzkopfschmiergefäße der Niederdruck-Kreuzköpfe sind nach der Rahmenseite zu zu setzen, die Keile nach innen. Da sich die sonst üblichen Entlastungen der Cylinderschrauben sowohl an den Hochdruck- als auch an den Niederdruckcylindern schlecht anbringen lassen, werden mit Rücksicht auf die große Anzahl der Cylinderbefestigungsschrauben die Entlastungen weggelassen.

Ferner werden die combinierten Cylindersicherheits- und Ablaßventile durch gewöhnliche Ablaßventile ersetzt, weil die in den Cylinderdeckeln sitzenden Sicherheitsventile als ausreichend zu betrachten sind.

Die Schmierung der Schieberstangen erfolgt durch Ballschmiergefäße.

Die Lokomotiven erhalten 6-vasige Schmierpumpen von Michalk.

Auf den Schieberkastendeckeln sind je 2 Ansätze vorzusehen, um für alle Fälle gegen das Lösen der eingepreßten Schieberbüchsen Druckschrauben anordnen zu können.

Die vorderen Schieberkastendeckel sind mit Druckringen zu versehen. Die Kesselluke über dem Feuertürring ist tiefer zu setzen.

Die an den Feuerkastenseiten vorgesehenen Manganstehbolzen beginnen in 500 mm über dem Rost.

Es wird vorgeschlagen, die Weißmetallausgüsse für die Niederdruck-Pleuelstangen in der früher üblichen Weise auslaufend zu gestalten.

2) Besprechung am 16. Juni 1911:

Aus konstruktiven Gründen und mit Rücksicht auf ein besseres Aussehen der Lokomotive wurde seitens der Firma Henschel & Sohn vorgeschlagen, die Hochdruckcylinder auf Mitte hintere Laufachse zu setzen. Die Cylinder bauen sich über die Laufräder und werden einwandfrei an den doppelt übereinanderliegenden Vorder- und Hinterrahmenplatten befestigt. Die Stahlgußcylinderstrebe fällt weg und wird ersetzt durch den Niederdruckleitstabhalter aus 27 mm Blech und der im hinteren Teil hochgezogenen Stahlgußdrehzapfentraverse.

Die Steuerwellenlager, Kulissenlager und die Lager zu den Uebertragungswellen der Außen- zur Innensteuerung werden auf zwei seitlichen Stahlgußlängsträgern aufmontiert, die sich konsolartig an die Rahmenplatten anschließen.

Die nach vorstehenden Punkten ausgearbeitete Entwurfsskizze wurde genehmigt.

Eine ausführliche endgültige Zusammenstellungszeichnung befindet sich in Arbeit und wird in den nächsten Tagen übersandt werden.

Cassel, den 28. Juni 1911.

*

Damit ist die Vorgeschichte des Baus der S 10¹-Lokomotiven abgeschlossen. Der große alte Mann der Preußischen Staatsbahn hatte resigniert — die S 10¹ wurde trotz seiner Einwände gebaut, sie folgte sogar dem Heiseschen Entwurf und zu allem Überfluß noch in der Garbe verhaßten De Glehnschen Bauform. Während er sich um die Schwartzkopff-S 10 abmühte, um trotz aller Rückschläge noch einen Erfolg melden zu können, der seine Theorien von der Überlegenheit der einfachen über die doppelte Dampfdehnung untermauert hätte, entstand in Kassel jene Maschine, die einmal die beste aller preußischen Schnellzuglokomotiven werden sollte, ja zu den besten deutschen Lokomotiven überhaupt gezählt wird. Es mag uns Heutigen wie eine Tragikomödie erscheinen, was sich damals abgespielt hat. Mit der S 10¹ ging der Stern Garbes unter. Der neue Mann begegnete uns in den letzten Dokumenten dieses Kapitels, Hinrich Lübken. Der Friese aus Elsfleth folgte dem Oberschlesier Robert Garbe. Wohl hat Garbe noch die Versuchsfahrten mit der ersten S 10¹ erlebt, aber ohne innere Anteilnahme. Am 1. April 1912 trat er in den Ruhestand. So mancher vom Zentralamt und vom Ministerium hat ihn gern scheiden gesehen.

Baumerkmale der S 10[1]

Der aufmerksame Leser wird aus den im vorhergehenden Kapitel wiedergegebenen Protokollen bereits eine ganze Reihe technischer Details entnommen haben, so daß wir uns an dieser Stelle auf die wesentlichsten Baumerkmale beschränken können. Vielleicht erwähnen wir noch einmal kurz den Unterschied zwischen den drei verschiedenen Loktypen, die alle drei mit S 10 bezeichnet sind:

Die aus der alten S 8 (der Prototype) entwickelte, verbesserte S 10 besaß einen Blechrahmen mit vorn angeschuhtem Barrenrahmen, der das Innentriebwerk zugänglicher machen sollte. Ihr Kessel war von dem der P 8 abgeleitet, er besaß auch dessen typische Form mit verdickter Rauchkammer. Alle vier Zylinder waren gleich groß und lagen in einem Gußstück nebeneinander unter der Rauchkammer. Sie wirkten auf die erste Kuppelachse, die Maschinen besaßen also den Einachsantrieb, wie ihn von Borries bereits bei seinen ersten Vierzylinder-Verbund-Lokomotiven im Jahre 1902 angewandt hatte.

Den Bau der Vierlingsmaschine stellte man im Jahre 1914 ein, griff auf Anregung Lübkens einen Vorschlag des Konstruktionschefs des Stettiner Vulcans, Najork, auf und ging zum Dreizylinder-Triebwerk über. Die neuen Lokomotiven, mit S 10[2] bezeichnet, unterschieden sich äußerlich nur geringfügig von der Vierlings-S 10. Ihre drei Zylinder lagen ebenfalls in einer Reihe unter der Rauchkammer und wirkten auf die erste Kuppelachse. Die ersten Lieferungen der S 10[2] stammten vom Vulcan, der nach Schwartzkopff einzelne Lieferungen der S 10 übernommen hatte. Unsere Bilder 4 bis 12 zeigen die ganze S 10-Familie mit ihren Unterschieden, unsere Übersicht auf Seite 20 zeigt die Zusammenhänge zwischen den Bauarten auf.

Die S 10[1] wich in vielen Einzelheiten ab, ihr lag eine andere Konzeption zugrunde, wie wir bereits gehört haben. Betrachten wir ihre Durchbildung in Grundzügen.

Der Bau des Kessels (Abb. S. 82) folgte den in langjähriger Betriebspraxis bei S 4 und S 6 bewährten Prinzipien Garbes, deren Charakteristikum die lange, schmale Feuerbüchse war. Bei der S 10[1] wurde er bis an die Grenze des zulässigen Gewichtes vergrößert. Die Gewichtsverteilung blieb sowieso das schwierigste Problem bei dieser Loktype, galt es doch so viel an Leistung zu installieren, wie bei einem Kuppelachsdruck von 17 t eben noch angängig schien. Bei äußerer Betrachtung unserer Lokomotive fällt bereits auf, daß viel Gewicht nach vorn gebracht werden mußte und die Laufachsen an der Lastverteilung teilnahmen.

Die einzelnen Achslasten betrugen von vorn nach hinten gesehen:

Bauart 1911	14,3	14,3	17,0	17,1	16,9 t
Bauart 1914	14,8	15,1	17,6	17,8	17,8 t

Die Gewichte der Bauart 1911 stiegen später nach Einbau eines Vorwärmers und Verstärkung der Bremse auf ähnliche Werte wie die Bauart 1914.

Die Kesselkonstruktion weicht von jener der S 10 ab, die geneigte Feuerbüchsvorder- und -rückwand verrät den Zwang zur Gewichtsverlagerung. Der Kessel wurde hoch über den Rahmen gelegt, die Kesselmitte maß mit 2900 mm die bisher größte Höhe bei einer preußischen Lokomotive. Das ergab eine bessere Zugänglichkeit des Innentrieb-

Bild 36 Eilzug Berlin—Schneidemühl, von einer S 10[1] geführt, überquert die Oder bei Küstrin (Foto: Sammlung Bufe)

Bild 37 Für Generationen von Berlinern ein vertrautes Bild: S 10[1] neben einem S-Bahn-Zug auf den Ferngleisen der Stadtbahn (Foto: Prager, Sammlung Felber)

Bild 38 Eine alte Postkarte vom Bahnhof Friedrichstraße mit S 10[1] der Bauart 1911, um 1925 aufgenommen. Das ist bereits der „neue" Bahnhof Friedrichstraße, wie er 1923/24 umgebaut wurde (Sammlung Rethel)

Bild 39 Lok 17 1118 des Bw Görlitz, im Bw Dresden Altstadt aufgenommen 1935. Bei dieser Lok wurde wegen der im Raum Görlitz vorhandenen elektrischen Fahrleitung der Schornsteinaufsatz entfernt (Foto: Harder)

Bild 40 Die Pasewalker 17 1017 vor dem E 29 im Stettiner Bhf zu Berlin, Juni 1935 (Foto: Treichel)

Bild 41 Schwesterlok 17 1001 verläßt vor dem E 130 Stralsund im Jahre 1938 (Foto: Bellingrodt)

Bild 42   17 1016 vom Bw Pasewalk mit Speisedom-Ersatzkessel   (Foto: Bellingrodt)

Bild 43   Lok 17 1031, in Magdeburg-Rothensee 1936 aufgenommen   (Foto: Ziegler)

Bild 44   Die im Ruhrgebiet beheimateten Maschinen waren vielfach im Ruhrschnellverkehr eingesetzt. Aufnahme Januar 1936
(Foto: Bellingrodt)

Bild 45   So sieht der Lokführer die Strecke aus dem Führerstand der S 10¹ Bauart 1911   (Foto: Rethel)

Bild 46   Hier ein Blick von der Heizerseite einer Karlshorster Maschine der Bauart 1914, Ausfahrt Charlottenburg Richtung Westen   (Foto: Sydow)

Bild 47   Triebwerk der Lok 17 1055 mit Ersatzkessel und verstärkter Bremse. (Alte Betr.-Nr. Osten 1135)   (Foto: Dr. Heydenreich)

werkes, mit Rücksicht auf den verwendeten Blechrahmen sehr wichtig. Der Dampfdruck wurde wegen der zweifachen Dampfdehnung auf 15 atü erhöht. Die Rohrlänge betrug 4900 mm, der innere Kesseldurchmesser am größeren Kesselschuß 1634 mm. Die Hauptabmessungen können aus der Tabelle Seite 149 entnommen werden.

Der Rost war nur 1 m breit, aber 2,95 m tief. Nach den im Jahre 1914 durchgeführten Änderungen der Bauart (Erhöhung der Zahl der Rauchrohre von 24 auf 26 und damit Vergrößerung der Zahl der Überhitzereinheiten) ergab sich sogar eine Tiefe von 3,18 m. Das ist ein sehr hoher Wert und erforderte vom Heizer nicht geringe Aufmerksamkeit. Man stelle sich die Schwierigkeit vor, einen 3 m langen und nur 1 m breiten Rost von Hand mit der Kohlenschaufel zu beschicken! Das verlangte nicht nur manuelle Fertigkeit, die Feuerungstechnik stellte zusätzliche Anforderungen. Wie beim P 8-Kessel, benötigte die schmale Feuerbüchse ein muldenförmiges Feuerbett, bei welchem an den Seiten und hinten (an der Feuertür) mehr Kohle aufgegeben werden mußte, während man vorn an der Rohrwand ein niedriges, helles Feuer brennen ließ. Die Maschinen waren mit Marcotty-Rauchverbrennungseinrichtung ausgerüstet, bei welcher über der Feuertür ein Dampfschleier in die Feuerbüchse geblasen wurde, der das Qualmen verhindern sollte. Die Einrichtung wurde später ausgebaut.

Wie aus unseren Tabellen hervorgeht, lagen die Heizflächenverhältnisse sehr günstig. Es verhielten sich die Berührungsheizfläche zur Strahlungsheizfläche $H_{vb} : H_{vs} = 8,27$ und die $H_{vs} : R = 5,5$. So gilt noch heute der Kessel der S 10¹ als der leistungsfähigste aller Kessel der Garbe-Bauart. Er war unermüdlich in der Dampferzeugung und infolge seiner großen Strahlungsheizfläche den heutigen Verbrennungskammerkesseln gleicher Größe ebenbürtig.

Allerdings mußte sich die von der DR auf 57 kg/m²/h begrenzte Heizflächenbelastung gerade bei diesem Kessel als hinderlich erweisen. 70 kg/m²/h wären richtig gewesen und hätten eine Dauerleistung von 1780 PS ergeben. Die Folge dieser Beschränkung war, daß die Lokpersonale sich nicht danach richteten, zumal die Fahrpläne oftmals so lagen, daß mit 57 kg/m²/h gar nicht auszukommen war. So besonders während der zwanziger Jahre, als die relativ kleinen Lokomotiven laufend vor schwersten Zügen überbeansprucht wurden. Damals ergab sich durch diese ständige Überbelastung des Kessels mit Werten bis zu 85 kg/m²/h ein hoher Verschleiß mit dem Ergebnis, daß die Kessel der S 10¹ bereits Anfang der dreißiger Jahre völlig abgewirtschaftet waren. Düring berichtet von sehr aufwendigen Kesselreparaturen in jenen Jahren. In den Jahren 1937—1943 erhielt dann ein Teil der vorhandenen Lokomotiven neue, von Henschel gelieferte Ersatzkessel anläßlich der fälligen Hauptuntersuchungen eingebaut. Dabei wurde die kupferne Feuerbüchse durch eine stählerne ersetzt.

Der Dom lag weit vorn auf dem ersten Kesselschuß und folgte über das Bestreben hinaus, trockenen Dampf zu erhalten, dem Zwang zur Gewichtsverlagerung.

Wie alle preußischen Heißdampflokomotiven jener Epoche, war auch die S 10¹ mit dem sogenannten Automaten ausgerüstet, den wir auf Bild 20 vorn an der Rauchkammer deutlich erkennen können. Man glaubte damals, die Überhitzerrohre würden bei stillstehender Lok zu stark erhitzt und bedürften einer Wärmedrosselung. Der Austritt der heißen Heizgase aus den Rauchrohren konnte daher bei stillstehender

Lok durch Überhitzerklappen gedrosselt werden. Bei Öffnen des Reglers wurden diese Klappen durch einen links an der Rauchkammer befindlichen Zylinder ebenfalls geöffnet, während sie bei Fahrt ohne Dampf sich durch ihr Eigengewicht schlossen. Die Einrichtung erwies sich bald als überflüssig und wurde schon anläßlich der ersten Hauptuntersuchung ausgebaut.

Der Rahmen der S 10¹ in der Ursprungsausführung von 1911 bestand aus zwei durchlaufenden Blechplatten von 25 mm Stärke, die kräftig miteinander versteift waren. Eine schwere kastenförmige Querversteifung befand sich vorn über der zweiten Laufachse zwecks sicherer Befestigung der beiden außenliegenden Hochdruckzylinder, da nur die innenliegenden Niederdruckzylinder als gemeinsames Gußstück unter der Rauchkammer angeordnet werden konnten. Bei der Umkonstruktion der Lokomotive im Jahre 1913 ging man vom reinen Blechrahmen ab, wählte vielmehr die bereits bei S 9 und S 10 bekannte Bauart mit vorn angeschuhtem Barrenrahmen. Die Zugänglichkeit wurde hierdurch erheblich verbessert, noch dazu nach Verlegung aller vier Zylinder in eine Reihe unter die Rauchkammer. Die schwere Rahmenversteifung zwischen den Hochdruckzylindern konnte entfallen.

Die außenliegenden Hochdruck-(HD-)Zylinder wirkten auf die zweite Kuppelachse, die innenliegenden Niederdruck-(ND-)Zylinder auf die erste Kuppelachse. Das bedingte unterschiedliche Treibstangenlängen von 2800 mm und 2400 mm. Diese Leistungsverteilung gilt als Vorzug der De Glehn-Bauart gegenüber der hohen Beanspruchung einer einzigen doppelt gekröpften Treibachse beim Einachsantrieb. Ein solcher Vorzug wog in jenen Jahren besonders schwer, galt doch die Kropfachse als das schwächste Glied in der Lokomotivkonstruktion. Garbe ist denn auch mit der nötigen Rhetorik gegen sie zu Felde gezogen.

Er hatte nicht unrecht. Im Jahre 1911 war der Chromnickelstahl noch nicht so weit entwickelt, daß er für Lokomotivachsen hätte verwendet werden können. Das erfolgte erst 5 Jahre später. Wegen der großen ND-Zylinder, die gerade eben noch innen zwischen den Rahmenwangen unterzubringen gingen, lagen die Kurbeln sehr dicht am Rahmen. Der damalige Stand der Technik gestattete kein vollständiges Ausschmieden dieser Kurbeln. Der mittlere Teil mit seiner doppelten Kröpfung wurde vielmehr aus dem vollen Block durch Ausschneiden herausgearbeitet und die Achse alsdann in sich um 90° verdreht. An den besonders gefährdeten Stellen, wo die Lagerzapfen in die Kurbelarme treten, konnte bei diesem Arbeitsverfahren die Achse nicht ausreichend durchgeschmiedet werden, so daß es an diesen Stellen nach einiger Zeit Anrisse gab. 1913 führten Henschel und Krupp dann ein verbessertes Schmiedeverfahren ein. Seit dem Jahre 1919 erhielten aber auch die S 10¹-Lokomotiven Kropfachsen mit kreisförmigen Kurbelscheiben aus Chromnickelstahl und sogenannten „Frémont-Ausschnitten", die an den schlecht durchgeschmiedeten Stellen die Kräfte gewissermaßen von einem auf zwei Arme übertrugen.

Damals bekamen die Radsätze Speichenwände an den Zapfennaben sowie verstärkte Laufachsschenkel von 175 mm $\emptyset$ × 255 mm. An dieser Stelle ist es an der Zeit, auf einen Mangel der S 10¹ hinzuweisen, der ihr später im Betrieb mitunter hinderlich werden sollte, seine Ursache aber in Garbes dickköpfigem Beharren auf den Abmessun-

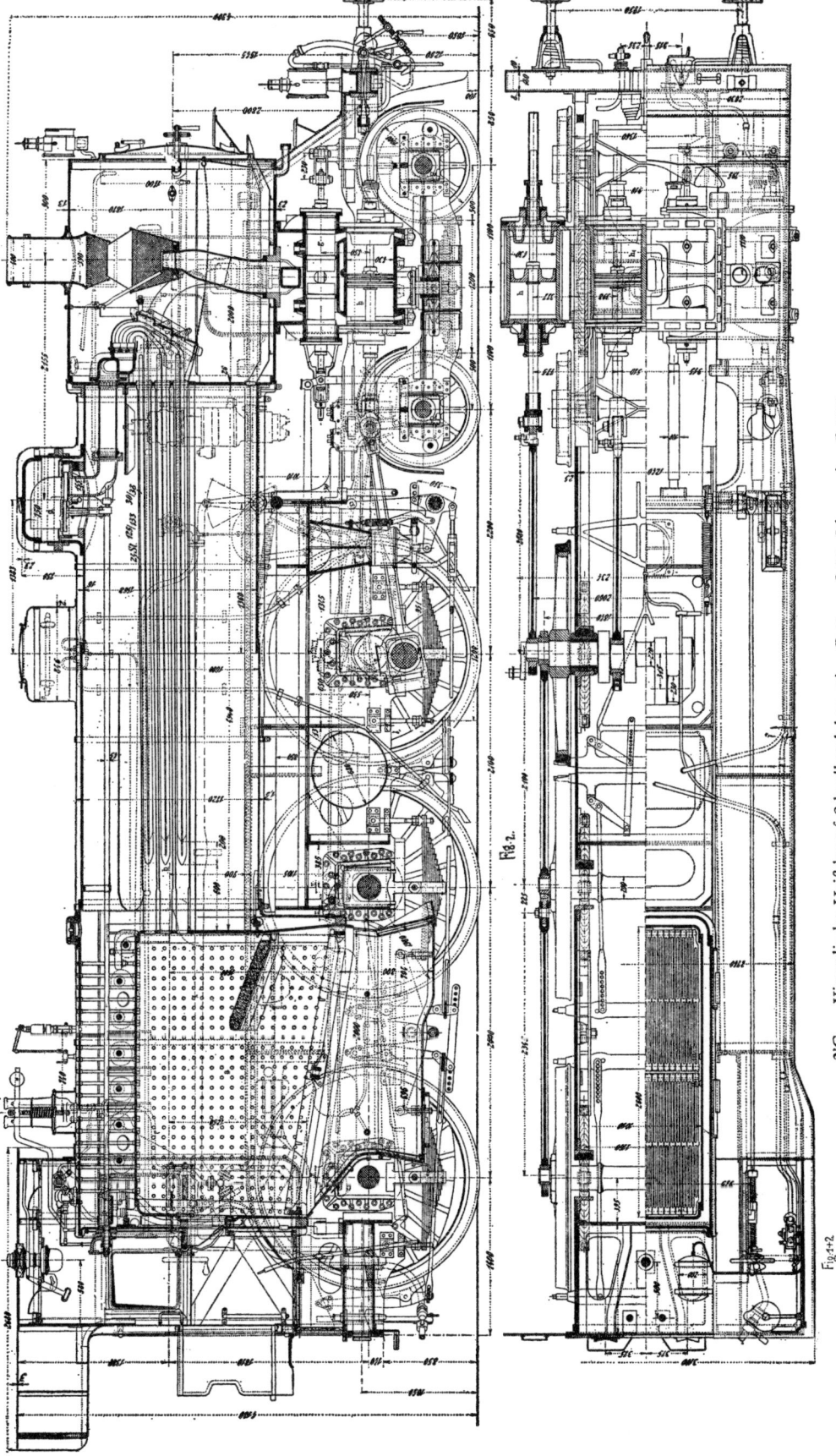

Fig. 1.

Fig. 2.

Fig. 1+2

2′C — Vierzylinder-Heißdampf-Schnellzuglokomotive Gattung S 10, Schwartzkopff 1911

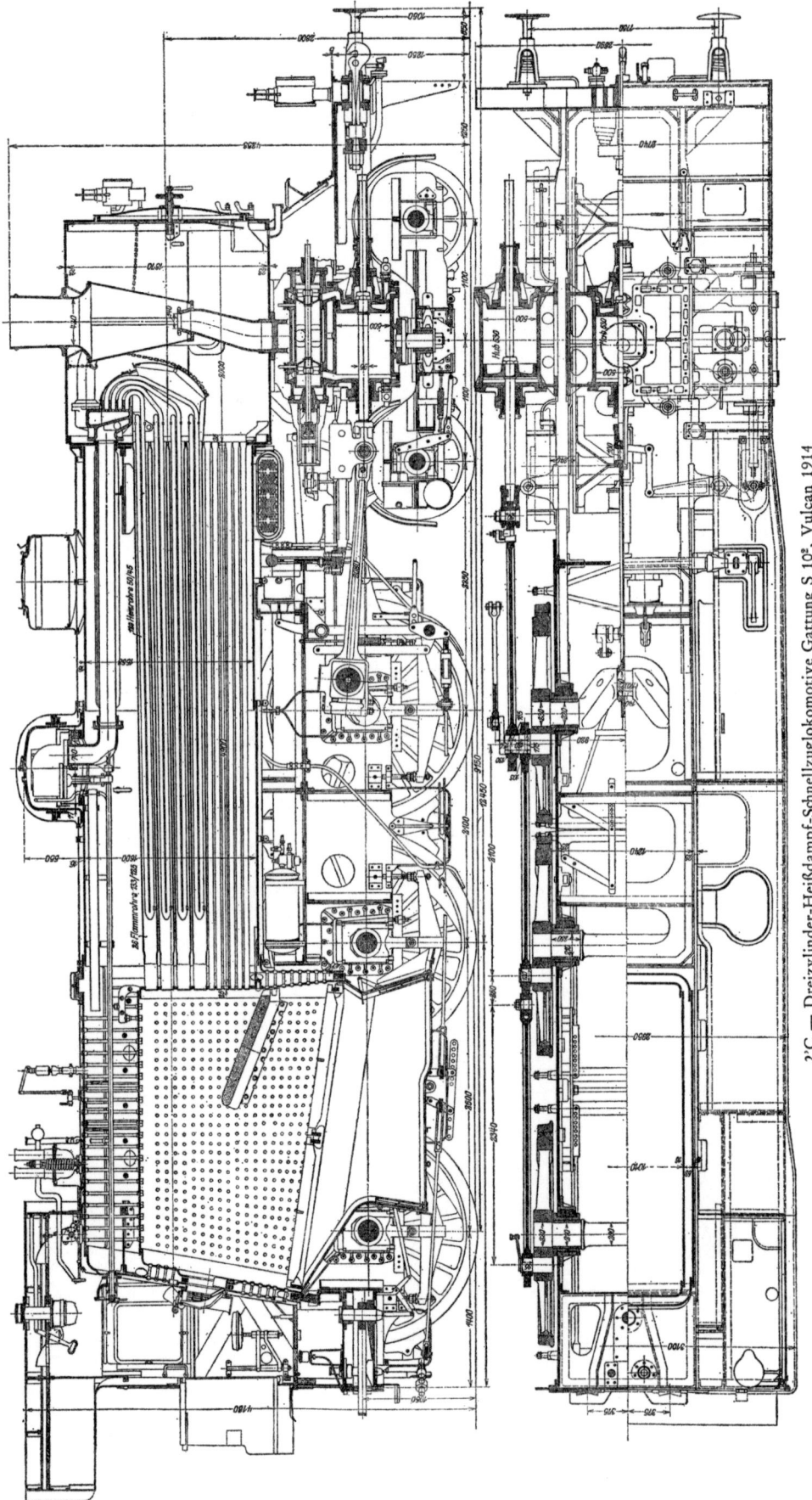

2'C — Dreizylinder-Heißdampf-Schnellzuglokomotive Gattung S 10², Vulcan 1914

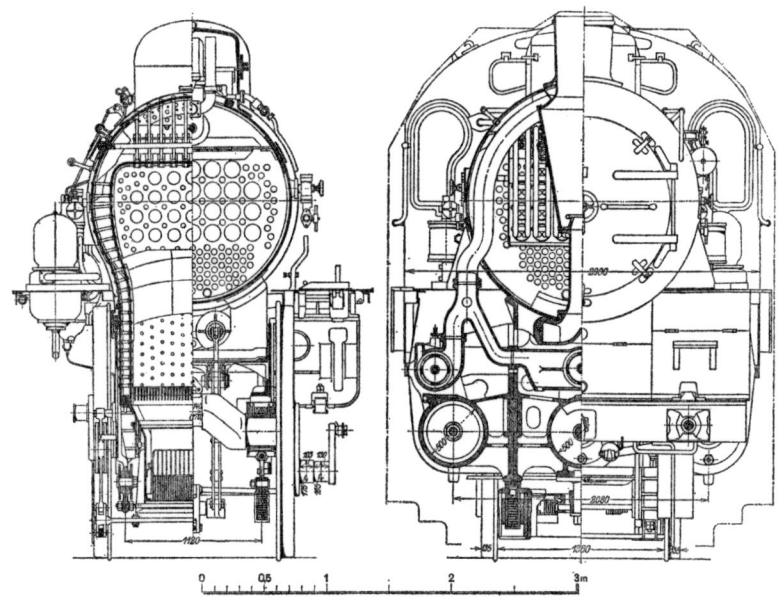

Schnitt durch Kessel und Rauchkammer der S 10²

gen der P 8 hatte, die ja als das große Vorbild für alle späteren 2 C-Maschinen galt. Wie bei der P 8 erhielt die S 10¹ zunächst Laufachsschenkel von 170 mm ∅ × 240 mm. Sie wurden anläßlich des Einbaus neuer Radsätze ab 1919 auf das oben genannte Maß vergrößert. Dieser verstärkte Laufachsschenkel war für hohe Geschwindigkeiten immer noch zu schwach. Entschuldigend für ihre Erbauer muß gesagt werden, daß die Maschinen nur für 110 km/h als größter Geschwindigkeit ausgelegt waren und im Jahre 1911 noch niemand daran denken konnte, daß die neue Lokomotive einmal vor die Aufgabe gestellt werden könnte, Geschwindigkeiten bis zu 150 km/h zu fahren. Als dies tatsächlich der Fall war, als die S 10¹ aufgrund ihrer vorzüglichen Eigenschaften als Ersatzlok für den „Fliegenden Hamburger" 1932 zur Diskussion stand, da setzte dieser Mangel allen Plänen ein Ende. Die Laufachslager liefen heiß, auch die Treibzapfen waren zu schwach bemessen. Bei den FD-Zügen, die ohne Halt von Berlin bis Hannover durchliefen, füllten die Lokführer beim letzten Halt im Bahnhof Zoo regelmäßig noch einmal Öl nach. Die 01/03-Einheitslokomotiven erhielten später bei gleichem Laufachsdruck Achsschenkel von 180 mm ∅ × 300 mm, aber erst bei den 01¹⁰ und 03¹⁰ wählte man das endlich ausreichende Maß von 190 mm ∅ × 300 mm. Die S 10¹-Maschinen bedurften daher sorgfältiger Pflege, sollte dieser Mangel bei hohen Geschwindigkeiten nicht in Erscheinung treten, wobei allerdings der kritische Punkt erst bei 135—140 km/h lag. Das ist die Ursache, warum die für Schnellfahrten viel weniger geeignete 03 für die Schnelltriebwagen-Ersatzfahrten vorgezogen wurde.

Die Treibachsen waren zunächst nur einseitig gebremst, die Laufachsen besaßen keine Bremsen. Garbe hielt sie für schädlich und gefährlich. Später wurde dann bei allen

Maschinen die Bremsanlage umgebaut, sie erhielten doppelseitige Treibachsbremsen und einseitige Laufradbremsen. Vielleicht ist für den Fachmann interessant, daß die Gegengewichte der Treibradsätze für 30 % Ausgleich der hin- und hergehenden Massen berechnet waren. Bei 110 km/h, der ursprünglich zugelassenen Höchstgeschwindigkeit, betrugen die freien Fliehkräfte 16 % des ruhenden Raddruckes. Für den vorgesehenen Einsatz im 150-km/h-Bereich wurden 1931 die freien Fliehkräfte mit 20 % des Raddruckes berechnet, 1933 dann jedoch im Hinblick auf die Erhöhung der V_{gr} auf „nur" 120 km/h mit einer Fliehkraft von vorn 15,3 % und in der Mitte von 14,6 % bei Verringerung des Ausgleichs von 30 auf 23 % geändert. Bei den Maschinen, die aushilfsweise mit höheren Geschwindigkeiten laufen mußten, behalf man sich durch Ausbohren der Gegengewichte.

Charakteristisch für die Bauart 1911 ist die hohe Pufferbohle. Sie diente als Schutz für die bei den ersten 10 Maschinen noch freiliegenden inneren Kolbenstangenhülsen der ND-Zylinder. Bei der Bauart 1914 lag das Umlaufblech über den Treibrädern. Die Abdeckung der Innenzylinder erfolgte durch schräge Bleche zwischen Pufferbohle und Rauchkammer.

Werfen wir einen Blick auf die Dampfmaschine der S 10[1]. Wir hörten einiges über die Vorzüge der De Glehnschen Triebwerksanordnung. Durch Anbringen der voluminösen ND-Zylinder im Innern zwischen den Rahmenwangen gewann die Maschine sehr an Laufruhe. Allerdings war das nur bei den 2 C-Lokomotiven eben noch möglich (auch bei den französischen). Bereits die Pazifiks (S 3/6 u. a.) bekamen ihre ND-Zylinder außen angeordnet, weil innen kein Platz vorhanden war. Diese Beengtheit zeigt sich schon bei der S 10[1]. Die ND-Zylinder hätten rechnerisch größer sein müssen, die Arbeitsverteilung zwischen HD- und ND-Zylindern verlief nicht gleichmäßig. Das Zylinderraumverhältnis betrug 1:2,3, die HD-Maschine mußte also etwas mehr leisten. Das erwies sich jedoch später als ausgesprochener Vorzug, besonders im Hinblick auf Schonung der Kropfachse. Vergleichen wir die Leistungsverteilung bekannter Verbundbauarten miteinander, so ergibt sich folgendes Verhältnis:

		S 10[1]	S 3/6	IV h
HD	%	60	50	58 - 50
ND		40	50	42 - 50

Die Lokomotiven besaßen außenliegende Heusinger-Steuerung, die Schieber der innenliegenden ND-Zylinder wurden durch Schwinghebel und Übertragungswelle von der äußeren Schieberstange abgeleitet. Die Umsteuerung erfolgte bei der Bauart 1911 über Hängeeisen, bei der Bauart 1914 über Kuhnsche Schleife. Die Kolbenschieber besaßen 220 mm Durchmesser, die Dampfleitungen für Ein- und Ausströmung waren reichlich bemessen und sehr gut geführt. Ihre glücklich gewählten Abmessungen trugen nicht zuletzt zur Leistungsfähigkeit und Wirtschaftlichkeit der Lok bei. Die ersten Lokomotiven wurden mit verschiedenen Schieberbauarten geliefert. So mit Schichau-Schiebern (Regelschieber mit doppelter Einströmung) und mit sogenannten Kammer-

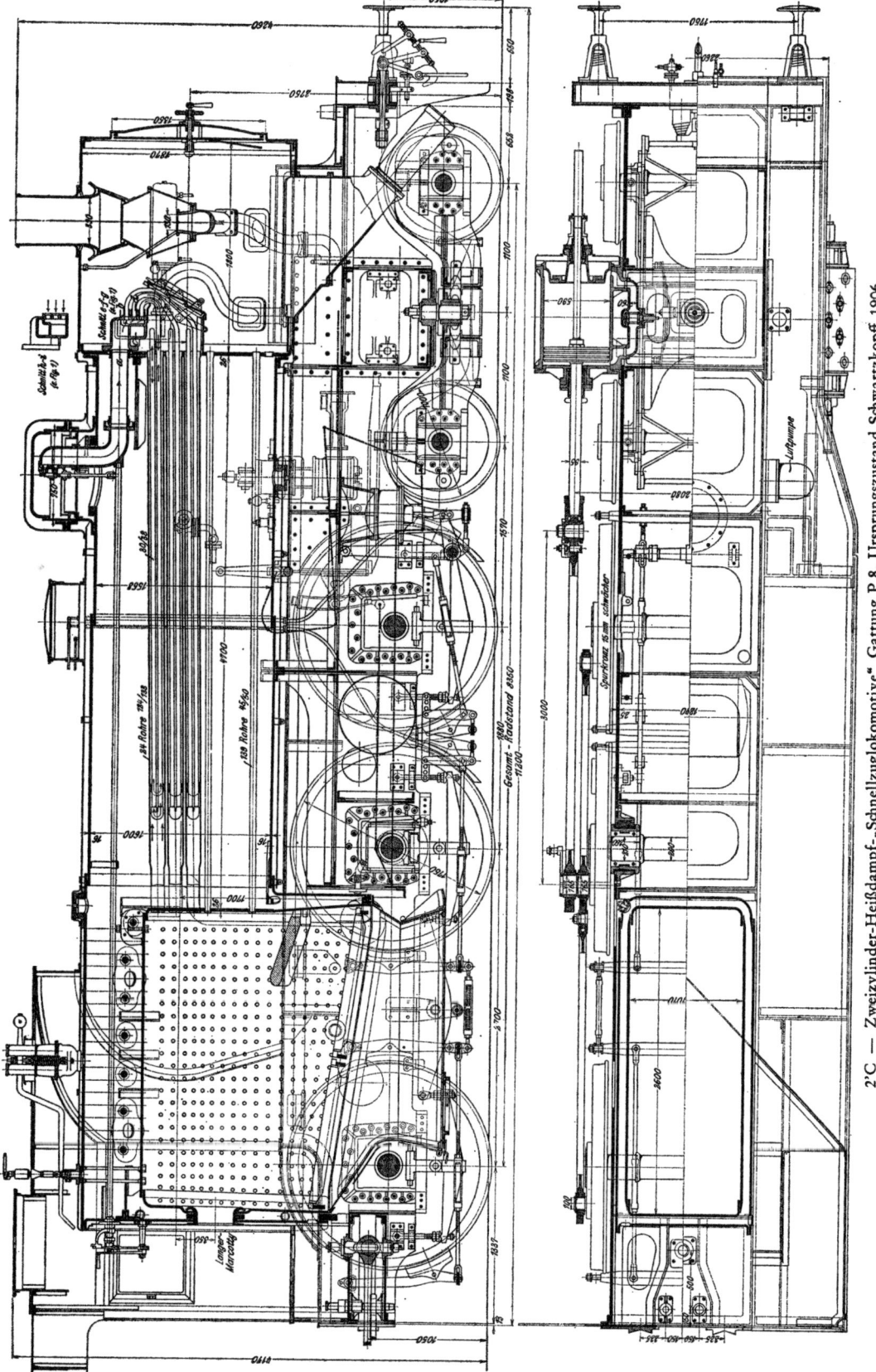

2'C — Zweizylinder-Heißdampf-„Schnellzuglokomotive" Gattung P 8, Ursprungszustand Schwarzkopff 1906

schiebern der Bauarten Hochwald und Henschel. Kammerschieber waren damals „in Mode". Sie besitzen innerhalb des Schiebers eine Hilfsmuschel, die Drosselverluste verhindern und eine bessere Dampfausnützung bewirken sollen. Sie haben sich im Dauerbetrieb als zu störanfällig erwiesen und wurden nach und nach durch Normalschieber ersetzt. Die Wichtigkeit richtig bemessener Schieber wird vielfach unterschätzt. So sei an dieser Stelle über einen bedeutsamen Unterschied gerade zwischen der S 3/6 und der S 10¹ hingewiesen, der auch für den Laien sehr augen-, besser ohrenfällig wird. Die S 3/6 besaß ND-Schieber mit doppelter Ein- und Ausströmung. Aber die Durchströmkanäle im Schieber lagen nebeneinander und nahmen sich gegenseitig je die Hälfte des Schieberumfangs weg. Die Folge war ungenügendes Abströmen des Dampfes in den ND-Zylinder, Aufstauen des Druckes vor dem Eintritt in den ND-Zylinder und entsprechend hoher Verbinderdruck, der bei großer Anstrengung bis auf 6 atü anstieg, also auf einen für eine Verbundmaschine überhöhten Wert. Die einfache Anordnung des Schichau-Schiebers zeigte sich dem der S 3/6 deutlich überlegen. Bei 35 % Füllung verhielten sich die Kanalöffnungen der ND-Schieber

$$\frac{S\ 10^1}{S\ 3/6} \quad wie \quad \frac{27}{18}$$

und unter Berücksichtigung der größeren Dampfmenge der S 3/6 (11 500 gegen 9 300 kg/h) war der ND-Schieber bei der S 10¹ um 85 % überlegen, daher der viel niedrigere Verbinderdruck. Die doppelte Ausströmung des ND-Schiebers hat der S 3/6 gar nichts genützt, denn der Gegendruck wird in den Versuchsberichten mehrfach als ungewöhnlich hoch festgestellt. Auf ihm beruht der knallende Auspuff der S 3/6, der von den Liebhabern dieser Lok zu einer Tugend gestempelt wurde. Demgegenüber der milde — weil richtige — Auspuff der S 10¹, der sich freilich akustisch nicht sehr attraktiv ausnahm.

Der Leser, den wir mit unseren technischen Einzelheiten ermüden, möge Nachsicht walten lassen. Wir wissen, wie schwer es ist, heute ein Buch über eine Lokomotivgattung zu schreiben, die so weitgehend historisch und so wenig bekannt ist. Es fällt uns nicht leicht, den goldenen Mittelweg einzuhalten und für jeden etwas zu bringen. So sind wir aber auch dem Fachmann Einzelheiten schuldig, die zu einer umfassenden Beurteilung einer Lokomotive erforderlich sind, und irgendwie spielt das eine oder andere immer in Bereiche hinüber, die auch wiederum den Laien interessieren mögen. Letztlich wäre die Geschichte einer Lokomotivgattung — die noch dazu, wie die unsere, nie wieder geschrieben werden wird — unvollständig, wollte man sich allein auf globale Leistungs- oder Stationierungsangaben beschränken.

Jede Verbundmaschine benötigt zum Anfahren eine Anfahrvorrichtung, denn bei Öffnen des Reglers erhält nur der HD-Zylinder Dampf. Es bedarf einer Radumdrehung, bis sich der Verbinder aufgefüllt hat und auch der ND-Zylinder Leistung abzugeben vermag. Steht nun der eine HD-Kolben gerade im toten Punkt, so vermag die Maschine allein mit dem anderen HD-Zylinder einen Zug nicht in Bewegung zu versetzen. Man hilft sich damit, daß man für kurze Zeit auch dem ND-Zylinder Frisch-

Bild 48 Bauart 1914: Die Karlshorster 17 1136 vor dem D 24, in Hannover einfahrend 1926 (Foto: Wolff)

Bild 49 Hier vor dem FD 111, Lok 17 1128, Hannover—Berlin (Foto: Kreutzer, Sammlung Maixner)

Bild 50 17 1126, noch mit ihrem ersten Kessel, in Hannover aufgenommen. Auch die Maschinen der Bauart 14 waren zunächst mit dem „Automaten" ausgerüstet. (Lok hat noch Betr.-Nr. 1116 Hannover) (Foto: Wolff)

Bild 51 Lok 17 1124 im Bw Karlshorst (Foto: Sydow)

Bild 52 Die Grunewalder „Film-
lokomotive" 17 1163
(Foto: Bellingrodt)

Bild 53 Lok 17 1180 als Vorspann
vor 03 003 in Hamburg Hbf 1937
(Foto: Sammlung Dr. Scheingraber)

Bild 54 17 1166 mit ihrer Mannschaft in Grunewald (Foto: Sydow)

Bild 55 17 1182 gehört zur Linke-Hofmann-Serie und war in Görlitz beheimatet (Foto: Hubert, Sammlung Suckow)

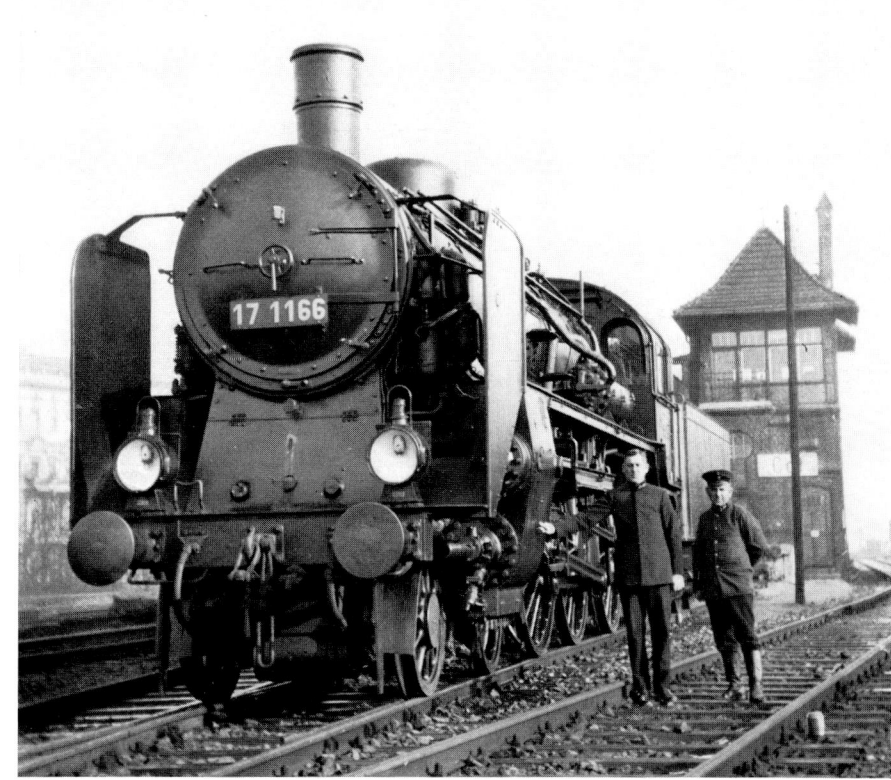

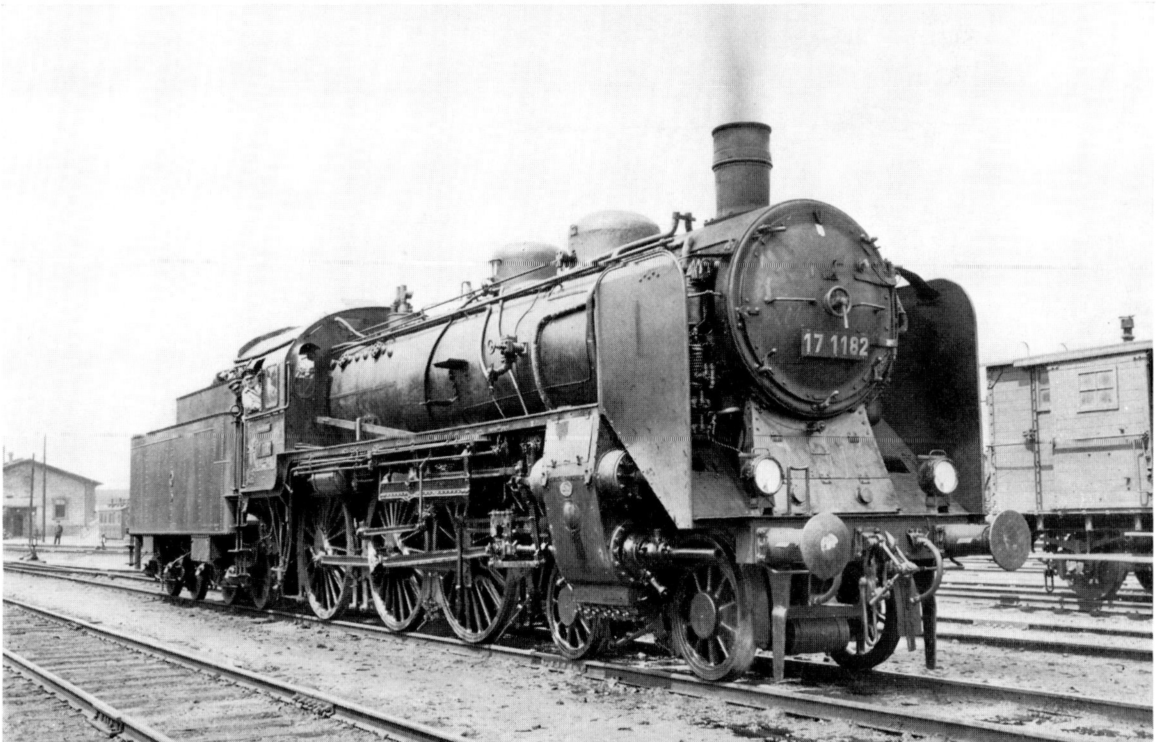

Bild 56   17 1141 des Bw Anhalter Bhf als Vorspann vor D-Zug Berlin—Halle bei Bitterfeld 1938   (Foto: Ziegler)

Bild 57 Die Karlshorster 17 1127 vor E 220 bei Bitterfeld 1938

(Foto: Ziegler)

Bild 58   17 1208 vom Bw Stargard vor D 23 unterfährt den Finow-Kanal bei Eberswalde 1932   (Foto: Bellingrodt)

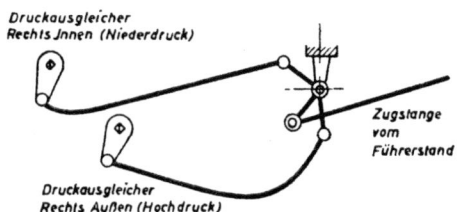

Druckausgleicher
Rechts Jnnen (Niederdruck)

Druckausgleicher
Rechts Außen (Hochdruck)

Zugstange
vom
Führerstand

Stellung I   Beide Druckausgleicher
geschlossen

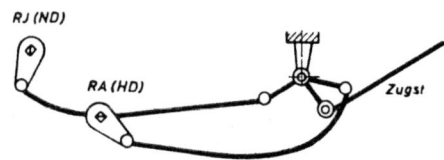

RJ (ND)

RA (HD)

Zugst

Stellungen der Druckausgleicher-
Hahnzüge bei der preußischen
S 10¹-Lokomotive

Stellung II   Druckausgleicher RJ
geschlossen,
RA geöffnet

RJ (ND)

RA (HD)

Zugst

Stellung III   Beide Druckausgleicher
geöffnet

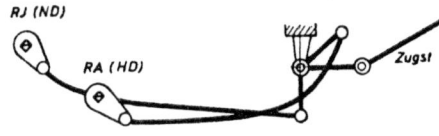

dampf zuführt, bis die Verbundwirkung einsetzt. Der Frischdampfhahn wird dann geschlossen, bei der üblichen Ausführung Maffei in Verbindung mit einer Zurücknahme der Steuerung, also einer Verkleinerung der Zylinderfüllung. Bei der S 10¹ beschritt man einen anderen Weg als spezielles Patent der Firma Henschel. Heise kam auf den naheliegenden Gedanken, die Druckausgleicher, die an jedem Zylinder vorhanden sind und die Aufgabe haben, bei Leerlauf der Saugwirkung des Kolbens durch Verbindung beider Arbeitsräume entgegenzuwirken, als Anfahrvorrichtung zu benutzen. Durch ein von Hand betätigtes Gestänge ließ sich nämlich erreichen, daß jeweils ein Teil des Frischdampfes hinter den Dampfkolben (Einströmseite) durch den HD-Druckausgleich ohne Arbeitsleistung in die andere Zylinderkammer des HD-Zylinders (Auslaßseite) und von hier gleich weiter durch den Verbinder (Rohrverbindung zwischen HD- und ND-Schiebergehäuse bzw. Auslaßkammer des HD- und Einlaßkammer des ND-Schiebers) unmittelbar in den ND-Zylinder gelangt. Somit wurden also in der Anfahrstellung die ND-Kolben mit Frischdampf beaufschlagt und deren größere Kraft aufgrund ihres größeren Zylindervolumens zum Anziehen des Zuges ausgenutzt. Nach wenigen Radumdrehungen — je nach Schwere des ingangzusetzenden Zuges — wurde dann die Umschaltung der Maschine auf Verbundwirkung vorgenommen. Aus diesem Grunde er-

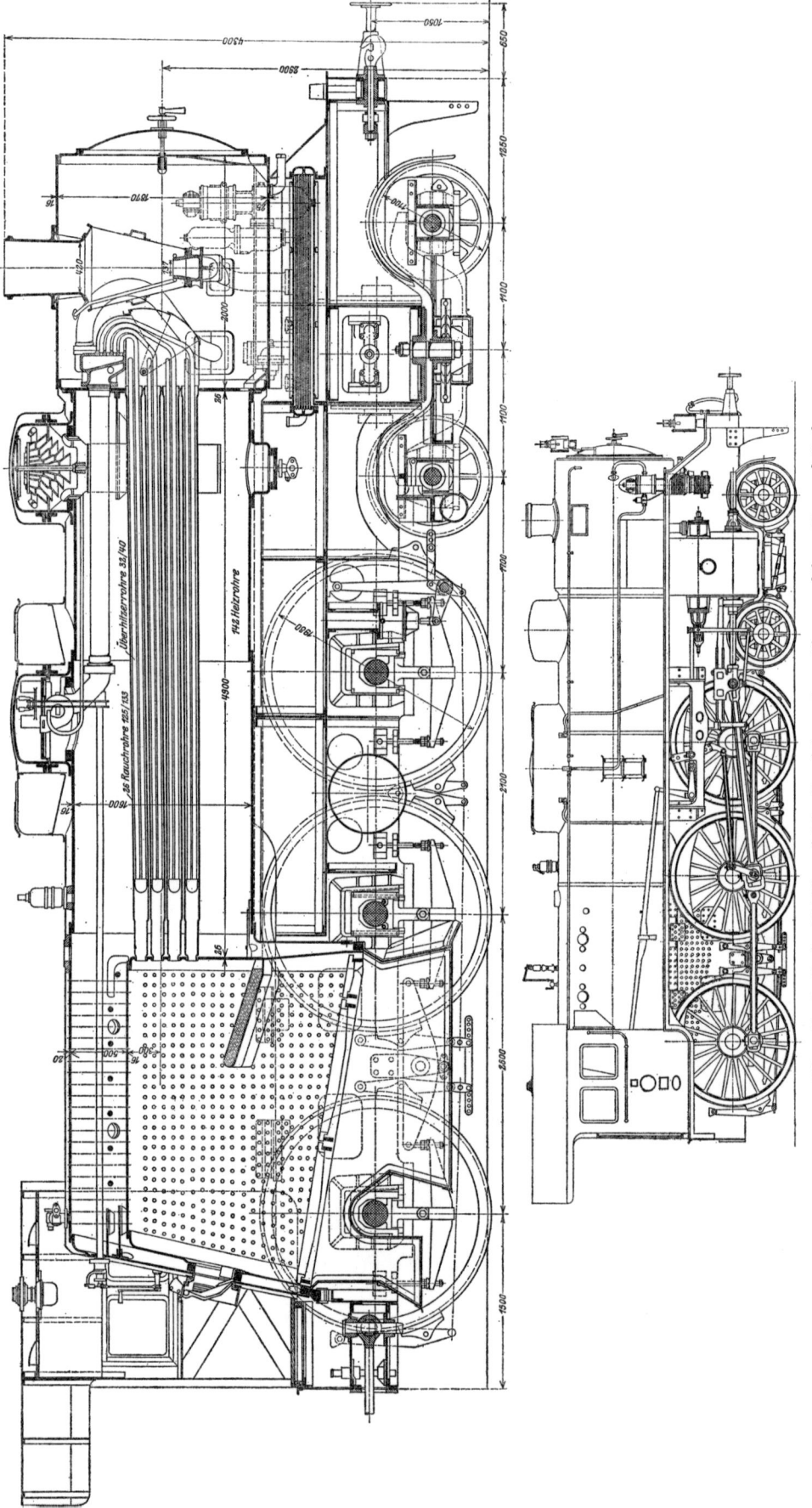

2'C — Zweizylinder-Heißdampf-Schnellzuglokomotive, nicht ausgeführter Entwurf Garbe

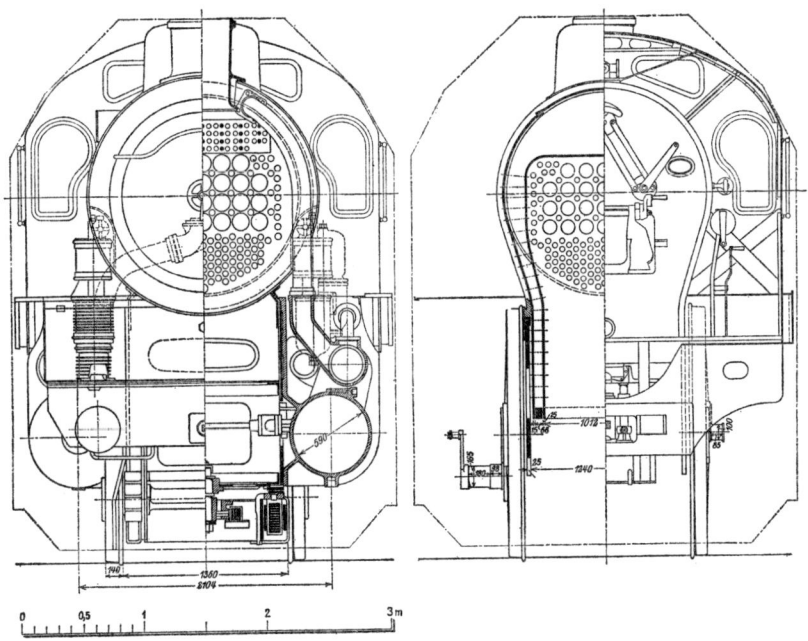

Schnitt durch Rauchkammer und Stehkessel des Garbe-Entwurfs

hielt die S 10[1] auch keine druckluftgesteuerten Druckausgleicher wie andere preußische Lokomotivbauarten, vielmehr drehbare Hähne. Die Funktionsweise mag das Schema auf Seite 63 (nach Düring) verdeutlichen:

Erklärend hierzu:

Stellung I Druckausgleicher aller vier Zylinder geschlossen. Fahrt unter Dampf als Verbundmaschine.

Stellung II Nur Druckausgleicher der HD-Zylinder geöffnet, die der ND-Zylinder geschlossen. Anfahren der Lok nur mit den ND-Zylindern, also als Zwillingsmaschine. Hierbei „schwimmen" die HD-Kolben im Dampf, denn zu beiden Seiten des Kolbens steht Druck. Die De Glehn-Maschinen französischer Bauart mit Wechselschieber können als Vierlingsmaschinen anfahren und auch notfalls im Betrieb, z. B. auf starken Steigungen, als Vierlingsmaschinen betrieben werden.

Stellung III Druckausgleicher aller vier Zylinder geöffnet, Leerlauf.

Auf unserem Bild 77 ist der Handgriff der Anfahr- und Druckausgleichvorrichtung gut sichtbar. Der Führer hat eben den Regler geschlossen und ist in den Leerlauf übergegangen. Seine linke Hand liegt noch auf dem Handgriff des Druckausgleichhebels. Ursprünglich besaßen ja alle Heißdampflokomotiven Druckausgleichhähne, die durch Hebel und Zugstangen vom Führerstand aus betätigt wurden. An ihre Stelle traten dann druckluftgesteuerte Ventile. Lediglich bei der S 10[1] blieben die mechanisch betätigten Druckausgleichhähne erhalten. Auf der Zeichnung Seite 89, die einen Querschnitt durch den ND-Zylinder zeigt, ist links neben dem Zylinder der Druckausgleichhahn zu sehen.

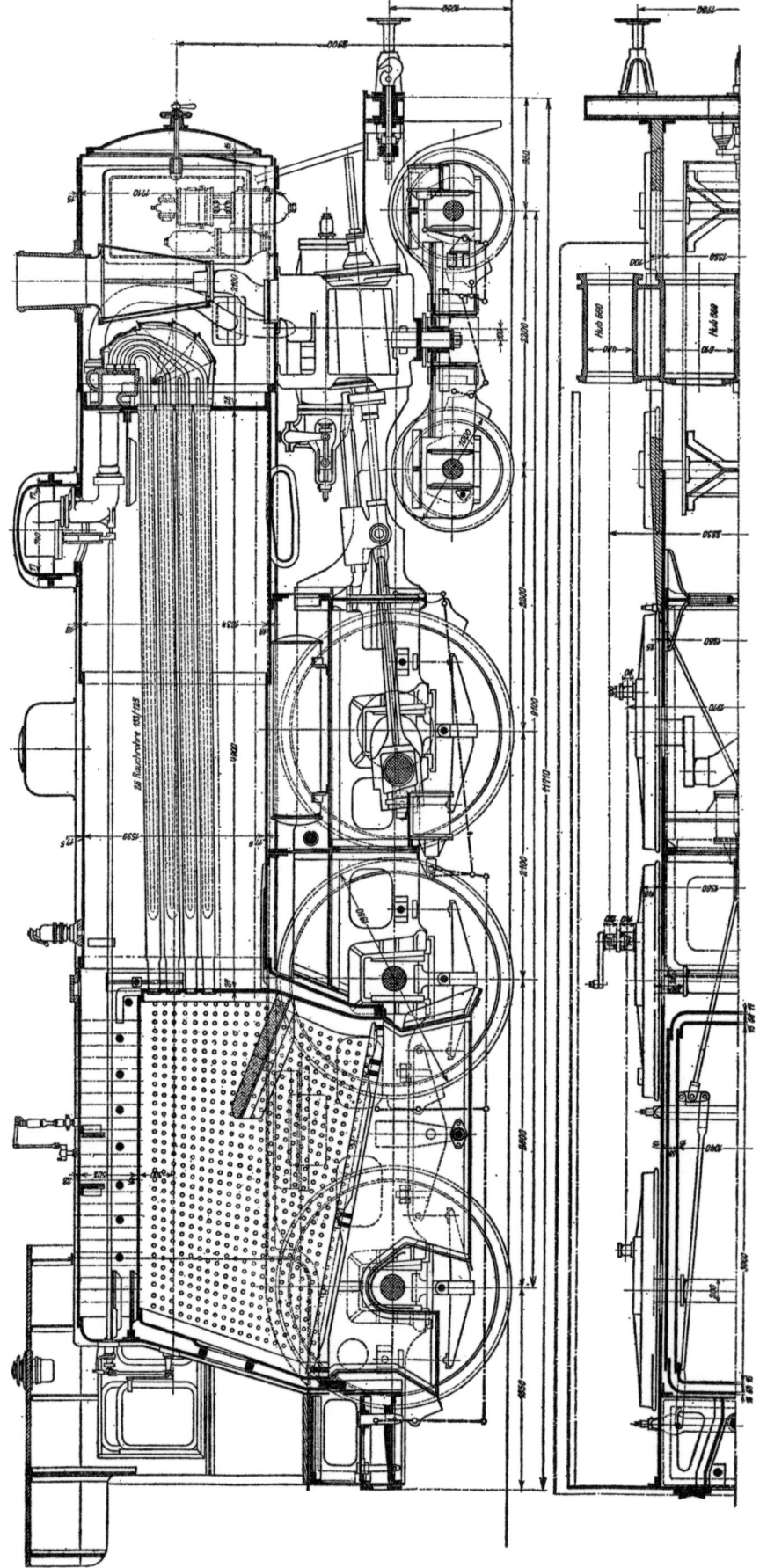

2'C — Vierzylinder-Verbund-Heißdampf-Schnellzuglokomotive Gattung S 10¹, Henschel, Bauart 1914

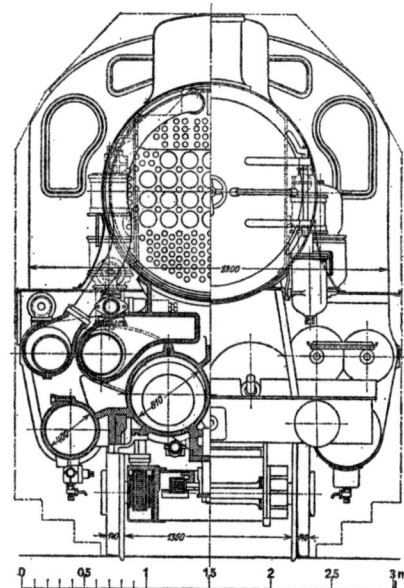

Schnitt durch Rauchkammer und Vorderpartie der S 10[1]

An dieser Stelle ein Blick auf die Zeichnung Seite 86, welche die Führerhaus-Rück-
ansicht wiedergibt. Rechts neben dem Steuerungshandrad sind dicht übereinander zwei
waagerechte Handgriffe angeordnet, die an langen Hebeln sitzen, deren Drehpunkt
250 mm über dem Fußboden liegt. Der obere Handgriff, d. h. der linke Hebel, dient
der Druckausgleich- und Anfahrvorrichtung. Der darunterliegende Handgriff (rechter
Hebel) ist der Zylinderhahnzug. Beide Handgriffe liegen sehr dicht übereinander. Wenn
beide in Stellung „offen" lagen, war es schwierig, den Zylinderhahnzug zu schließen,
denn man stieß mit dem Arm gegen den darüberliegenden Handgriff. Auf der Zeichnung ist deutlich zu erkennen, daß der Zylinderhahnzug in halber Höhe einen „Fußgriff" hatte, so daß man ihn aus der „offen"-Stellung mit dem Fuß nach vorn stoßen
konnte. Später ist dann der Hebel für den Druckausgleich verlängert worden und ragte
ziemlich weit in den Bereich des Fensters, der Drehpunkt wurde auch höher gesetzt.
Nunmehr wiesen die beiden waagerechten Handgriffe einen vernünftigen Abstand auf,
so daß der „Fußgriff" am Zylinderhahnzug entfallen konnte.

Im übrigen zeigt die Stehkesselrückwand die damals übliche Armaturenanordnung:
2 Strahlpumpen rechts und links oben, unter der linken Strahlpumpe das Handrad für
die Überhitzerklappen-Verstellung, den erwähnten „Automaten". Über der Feuertür
die 2 Dampfdüsen für die Marcotty-Rauchverbrennungseinrichtung. Bremsventil und
Sandstreuer lagen an der rechten Führerhauswand. Das Bremsventil gehörte noch zu
der älteren Bauart mit längsbewegtem Schieber und senkrechtem Handgriff. Die Maschinen erhielten bald darauf das Drehschieberventil mit waagerechtem Griff. Der Sand-
streuhebel wurde an die Stehkesselrückwand verlegt, da er zu nahe beim Bremsventil lag.

Auf dem Führerstand befanden sich auch zwei Schmierpumpen mit je acht Ölabgabe-
stellen zwecks zentraler Schmierung von Kolben und Schiebern. Elektromagnetischer

Deuta-Geschwindigkeitsmesser und Pyrometer für die Kontrolle der Heißdampftemperatur im Einströmrohr fehlten ebensowenig.

In unseren Betrachtungen haben wir bisher wenig zwischen den beiden Bauarten von 1911 und 1914 unterschieden. Der Unterschied zwischen beiden war tatsächlich geringer, als allgemein angenommen. Die Umkonstruktion im Jahre 1913, von Lübken angeregt und von Heise ausgeführt, verfolgte das Ziel, noch mehr an Gewicht zu sparen, um einen Vorwärmer unterbringen zu können. Das gelang durch die bereits angedeuteten Änderungen, den Wegfall der schweren Rahmenversteifung durch Verlegung der HD-Zylinder in Drehgestellmitte und Einbau eines kombinierten Blech-Barrenrahmens. Die äußeren Kolbenstangen wurden dadurch allerdings sehr lang und mußten durch zusätzlich angebrachte Tragbüchsen gestützt werden. Die Gewichtsersparnis war so groß, daß der Rost um 200 mm verlängert werden konnte und der Überhitzer zwei Einheiten mehr bekam. Durch Höherlegung des Umlaufbleches lagen jetzt die Treibräder frei vor den Augen des Betrachters, die Zugänglichkeit des Triebwerks hatte sehr gewonnen. Die Wartung gestaltete sich einfacher, die HD- und ND-Schieber lagen jetzt dicht nebeneinander in gleicher Höhe. Die Umsteuerung erfolgte mittels Kuhnscher Schleife. Die Maschinen erhielten einheitlich Kolbenschieber mit doppelter Einströmung.

Der leistungsmäßige Unterschied, der anfangs zugunsten der Bauart 1914 sprach, wurde weitgehend ausgeglichen, als die Gewichtsbeschränkungen entfielen und auch die Bauart 1911 mit Vorwärmer ausgerüstet wurde. Eine Reihe Lokomotiven der Bauart 1914 hatte zwei Hochhub-Sicherheitsventile der Bauart Coale, sogenannte Pop-Ventile, bekommen. Die Unterschiede gegenüber den Maschinen mit Ramsbottom-Ventilen verwischten sich jedoch bald durch Kesseltausch. Genauso wie es einige Kessel mit Speisedom gab, die bald an dieser, bald bei jener Lokomotive zu finden waren.

Ende der zwanziger Jahre erhielten alle Lokomotiven Windleitbleche. Beide Lokbauarten waren mit dem 1911 neu entwickelten 31,5-cbm-Tender gekuppelt.

Welche Bauart schöner aussieht, die von 1911 oder 1914, das ist reine Geschmacks- und Ansichtssache. Es wäre vermessen, hier ein Urteil abgeben zu wollen.

Versuche und Leistung

Sowohl die Preußische Staatsbahn als auch später die Deutsche Reichsbahn haben eingehende Versuche mit den Schnellzuglokomotiven S 10¹ — oder 17¹⁰⁻¹², wie sie nach Einordnung in den Nummernplan der DR hießen — durchgeführt, im Stand und vor dem Meßwagen. Die Ziele dieser Versuche mögen nicht immer einheitlich gewesen sein. Dennoch ist erstaunlich, in welchem Umfang gerade diese Lokomotivbauart die Fachwelt immer wieder gereizt hat, das Für und Wider der Verbundwirkung zu überprüfen und nach leistungsmäßiger Überlegenheit — oder auch Unterlegenheit — zu suchen.

Versuchsfahrten wurden mit nachstehenden Lokomotiven durchgeführt:

> Halle 1101 (später 17 1001), November 1911
> Breslau 1101 (später AL 1118), 1912
> Posen 1103 (später 17 1029), 1912
> Danzig 1105 (später 17 1017), 1912
> Danzig 1112 (später PKP Pk 2-10), Mai 1914
> 17 1111 1929
> 17 1163 1929—1931
> 17 1202 1936—1938
> 17 1205 1929—1931
> 17 1206 1929—1931
> 17 1177 Prüfstand Grunewald
> (Bild 76 in Düring, Schnellzug-Dampflokomotiven).

Die Fahrten fanden alle auf den für Preußen und später auch für Die DR schon „klassischen" Versuchsstrecken Güsten—Mansfeld und Wustermark—Lehrte statt. Die Neigungsverhältnisse auf der berühmten Mansfelder Strecke mögen den Leser vielleicht interessieren.

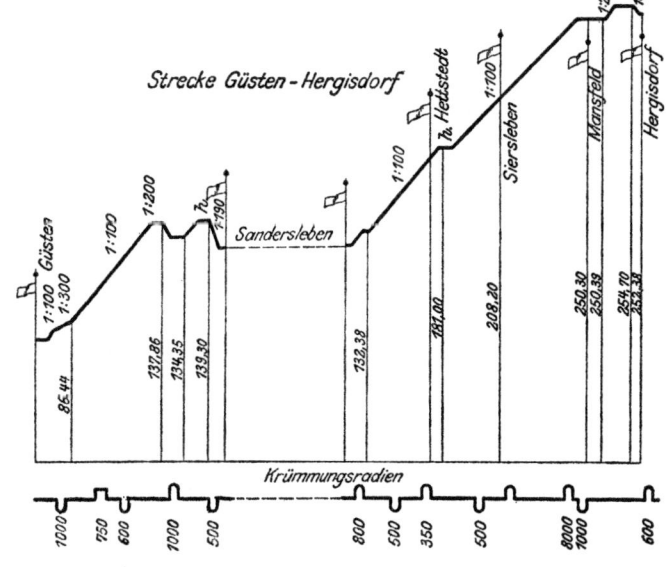

Neigungsverhältnisse auf der Prüfstrecke Güsten—Mansfeld der K.P.E.V. und der DR

Vergleich der Versuchsergebnisse preußischer Schnellzuglokomotiven 1910—1914

1. Strecke Grunewald—Mansfeld 177 km

Lok-Nr.	Zeit	Fahrzeit min	Zugstärke Achsen	Zugstärke Gewicht t	Leistung am Zughaken PS/Std.*	Kohlenverbrauch kg	Kohlenverbrauch auf 1 PS_e/Std. kg	Wasserverbrauch l	Wasserverbrauch auf 1 PS_e/Std. l	Verdampf.-Ziffer	Erzeugte Dampfmenge auf 1 m² Heizfl./Std./kg	Kohlenverbrauch je m² Rostfläche und Std./kg	Mittl. Überhitzung	Wetter	Bemerkungen
Frankfurt 2425 (P 8)	14. 12. 10	146	53	458	770 (880)	3100	1,65	19 700	10,50	6,36	44	489	346	gut	—
Halle 2435 (P 8)	März 1914	160	—	465	558 (811)	2600	1,75	17 350	11,68	6,67	44	342	—	—	—
Posen 624 (S 6)	19. 11. 10	158	45	391	665 (705)	3100	1,75	17 900	10,10	5,78	49	512	350	Schneesturm	Schleudern auf Steigung
Erfurt 1002 (S 10)	29. 9. 10	148	53	450	723 (950)	3550	1,85	21 450	11,18	6,05	51	553	336	gut	auf Steigung Kessel überanstrengt
Breslau 1101 (S 10¹)	1912	151	57	484	704 (984)	2800	1,58	18 550	10,45	6,75	46	375	—	gut	Bauart 1911
Danzig 1112 (S 10¹)	Mai 1914	153	—	500	796 (1030)	3200	1,58	21 550	10,62	6,98	52	405	—	Regen	Bauart 1914
Halle 1201 (S 10²)	Mai 1914	148	—	500	782 (1086)	3200	1,66	21 000	10,93	6,87	56	460	—	gut	—

2. Strecke Wustermark—Lehrte 213 km

Lok-Nr.	Zeit	Fahrzeit min	Zugstärke Achsen	Zugstärke Gewicht t	Leistung am Zughaken PS/Std.*	Kohlenverbrauch kg	Kohlenverbrauch auf 1 PS_e/Std. kg	Wasserverbrauch l	Wasserverbrauch auf 1 PS_e/Std. l	Verdampf.-Ziffer	Erzeugte Dampfmenge auf 1 m² Heizfl./Std./kg	Kohlenverbrauch je m² Rostfläche und Std./kg	Mittl. Überhitzung	Wetter	Bemerkungen
Hannover 916 (S 9)	14. 10. 10	—	61	514	780	3600	1,62	27 000	12,18	7,73	42	316	—	gut	kein Überhitzer
Erfurt 1002 (S 10)	5. 10. 10	160	53	450	767	3500	1,64	21 750	10,61	6,47	53	503	342	Wind	—
Danzig 1105 (S 10¹)	1912	154	53	519	700	2700	1,50	18 750	10,45	7,29	44	358	—	lei. Wind	Bauart 1911
Danzig 1112 (S 10¹)	Mai 1914	159	—	500	773	2800	1,36	20 350	9,93	7,95	47	341	339	sehr warm	Bauart 1914
Danzig 1112 (S 10¹)	Mai 1914	146	—	700	1067	3700	1,42	24 000	9,23	6,49	60	480	352	gut Wind u. Regen	Bauart 1914
Halle 1201 (S 10²)	Mai 1914	156	—	500	719	2800	1,49	20 400	10,88	7,88	51	381	321	—	—

*) Werte in Klammern für Steigungsstrecke Güsten—Mansfeld

Bild 59 Hier wieder die Bauart 1911 im Bild. Während der Kriegsjahre waren die Laternen abgedunkelt (Foto: Maey)

Bild 60 17 1054 des Bw Frankfurt/O vor dem P 206 in Berlin-Wuhlheide 1935 (Foto: Bellingrodt)

Bild 61 17 1066 vor dem L 11 in Berlin-Wuhlheide 1935. Das Foto zeigt die Lok noch in altem Zustand (vgl. Bild 29). Der L 11 (L = Luxuszug) lief von Ostende über Aachen—Köln—Hannover—Berlin nach Warschau. Es ist vorgekommen, daß er auf seinem ganzen Lauf von Belgien bis Polen durch Lokomotiven der Gattung S 10¹ gezogen worden ist. Er bestand aus Salonwagen der „Compagnie Internationale des Wagon-lits et des Grands Express Européens" 1. und 2. Klasse (Foto: Bellingrodt)

Bild 62   E 192 mit Lok 17 1151 auf der Ruhrbrücke bei Wetter 1936   (Foto: Bellingrodt)

Bild 63   17 1088 vom Bw Stralsund vor D 10 bei Fürstenberg/Mecklenburg 1932   (Foto: Bellingrodt)

Bild 64   D 6, Berlin—Hamburg, geführt von Lok 17 1063, im Sachsenwald, Juli 1927   (Foto: Hubert, Sammlung Dr. Ewald)

Bild 65   Ein Foto aus dem Olympia-Jahr 1936: D 94 mit 03 231 und 17 1038 als Vorspann bei Milspe   (Foto: Bellingrodt)

Bild 66   Zwei Rostocker S 10¹ warten auf das Eintreffen des Fährschiffes in Warnemünde 1933   (Foto: Bellingrodt)

Bild 67   17 1074 vor dem FD 226 in Wuppertal-Elberfeld am 29. 9. 1930   (Foto: Leimbach)

Über die Ergebnisse hat Düring in seinem ausgezeichneten Werk „Schnellzug-Dampflokomotiven der deutschen Länderbahnen" bereits eingehend berichtet. Es wäre müßig,
wollten wir das dort Gesagte nur wiederholen. Beschränken wir uns daher auf eine
Zusammenfassung der wichtigsten Ergebnisse, die durch Erfahrungen aus dem praktischen
Betrieb ergänzt werden sollen.

Die im Oktober 1911 abgelieferte erste S 10¹ mit der Betriebsnummer Halle 1101
wurde sofort eingehenden Erprobungen unterzogen (Bild 20). Dabei ergaben sich zunächst Änderungen am Blasrohr und an den Schornsteinabmessungen. Bei den anschlie-
ßenden Meßfahrten stellte man eine zu hohe Dampfverdichtung in den Niederdruckschiebern fest, die durch Verkürzen an den Ausströmdeckungen sowie Vertauschen der
hinteren und vorderen Schieberkörper beseitigt wurde (siehe auch S. 107). Die Sicherheitsventile am Verbinder mußten vergrößert, die Rahmenversteifung kräftiger ausgebildet, die vordere Aschkastenklappe vergrößert, die Steuerwelle auf 125 mm verstärkt, die Zahl der Waschluken vermehrt werden, während das vordere Aschkasten-
gitter einen vom Führerstand aus betätigten Zug erhielt, um bei Laubfall das sich
vorsetzende Laub in den Aschkasten fortblasen zu lassen. Aber selbst Hammer mußte
zugeben, daß die Änderungen bei der S 10¹ wesentlich geringer waren als bei der Vierlings-S 10, die ja praktisch zweiundeinhalbmal konstruiert werden mußte, um dann
immer noch nicht zu befriedigen. Das spricht alles für die Güte des Heiseschen Entwurfs.

Auf Seite 70 haben wir die Versuchsergebnisse preußischer Schnellzuglokomotiven
vergleichsweise zusammengestellt. Auch der mit der Materie wenig vertraute Leser
wird unschwer eine Überlegenheit unserer S 10¹ vor allen anderen verglichenen Lokomotivbauarten herauslesen können. Garbe schreibt hierzu:

„Bei den Versuchsfahrten sind an mittlerer Leistung vom Anfahren bis zum Anhalten
auf Flachlandstrecken vielfach Beträge von 1000 bis 1100 PS$_e$ und auf der Strecke
Güsten—Mansfeld mit dauernden Steigungen von 1:100 bei Fahrgeschwindigkeiten bis
zu 45 km/h anwärts Beträge von 900 bis 1000 PS$_e$ vermessen und ohne Überanstrengung
des Kessels eingehalten worden. Die Lokomotive vermag somit unter nahezu allen
Betriebsverhältnissen mittlere Leistungen von rund 1000 PS am Tenderzughaken nutzbar
zu machen und übertrifft damit die Lokomotiven der übrigen Gattungen."

Es mag Garbe nicht leicht gefallen sein, die Überlegenheit der Verbundmaschine
gegenüber seinen Vierlingen zugeben zu müssen. So versucht er denn auch immer wieder
zu beweisen, wie gering diese Überlegenheit im Grunde sei und die Ersparnisse nicht
mehr als 5 % betrügen.

Lassen wir es hierbei bewenden. Wir wissen heute, daß die Versuchsfahrten der Preußischen Staatsbahn mit mancherlei Mängeln behaftet waren und erst das Reichsbahn-
Zentralamt später Grundsätze für eine exakte Prüfung der Leistung und Wirtschaftlichkeit von Dampflokomotiven aufstellte. Die S 10¹ gehörte zu den ersten Länderbahn-
Lokomotivgattungen, die damals eingehend untersucht wurden. Fassen wir die Ergebnisse kurz zusammen:

Der spezifische Kohle- und Dampfverbrauch der S 10¹ lag noch beträchtlich unter dem
der als besonders gut und wirtschaftlich bekannten P 8-Personenzuglokomotive (1,15 zu
1,22 kg/PS/h). In bezug auf ihren thermodynamischen Wirkungsgrad war die S 10¹

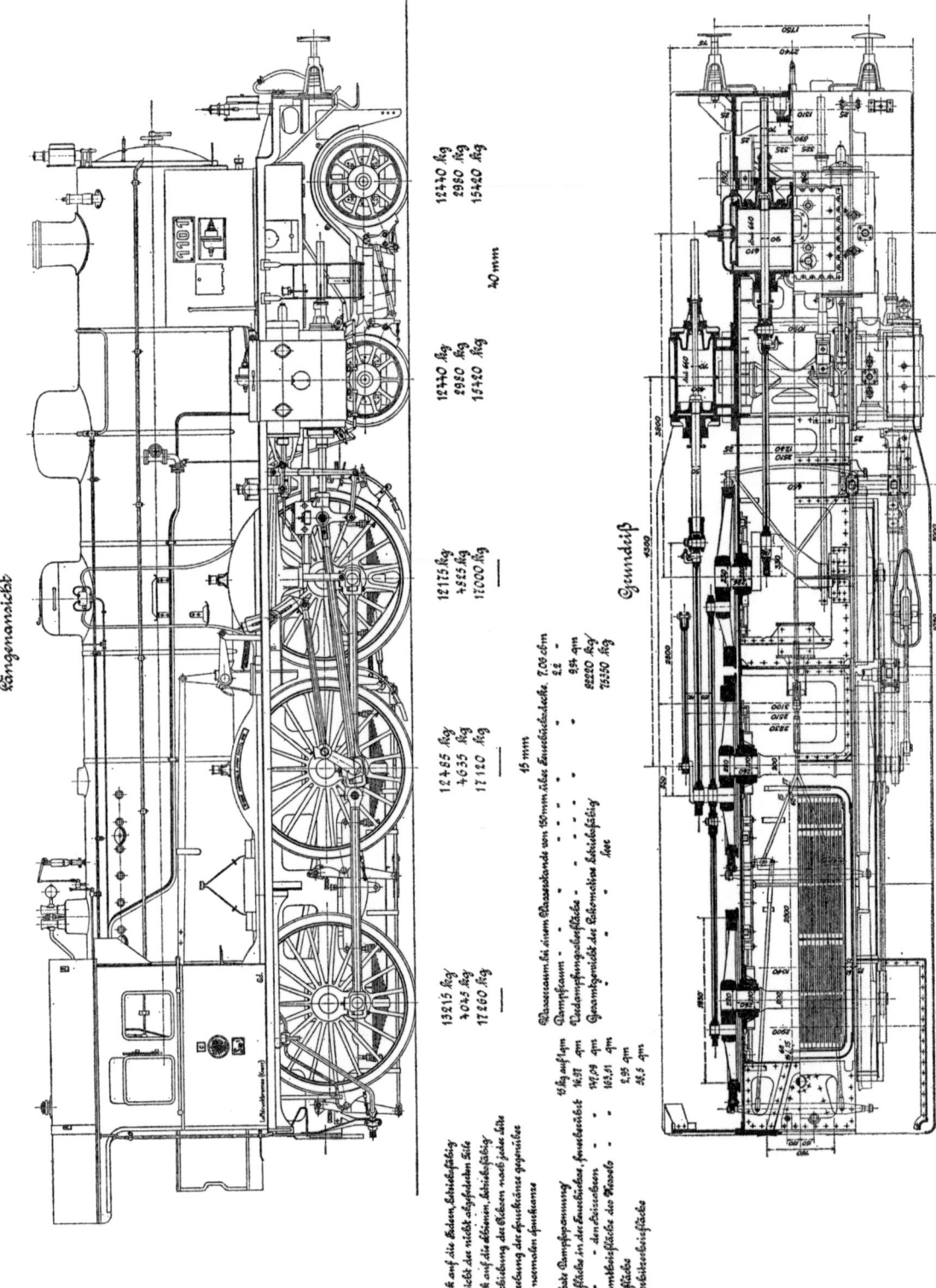

Längsansicht

Grundriß

Druck auf die Boden, betriebsfähig   13215 kg   12485 kg   12115 kg   12840 kg   12440 kg

Gewicht der nicht abgefederten Teile   4045 kg   4635 kg   4525 kg   2980 kg   2980 kg

Druck auf die adhäsiv, betriebsfähig   17260 kg   17120 kg   17000 kg   15420 kg   15420 kg

Verschiebung der Bodern nach jeder Seite

Abstrichung der Spurkränze gegenüber   40 mm

dem normalen Spurkranze   45 mm

Wasserraum bei einem Wasserstande von 150 mm über Feuerbüchsdecke   7,09 cbm

Ersekte Dampfspannung   15 kg auf/qm

Rostfläche in die Feuerbüchse, Heizgerät   16,31 qm   Dampfraum   2,2

Heizfläche der Rauchrohren   147,09 qm   Verdampfungsheizfläche   95 qm

„ „ Feuerbüchse „   16,51 qm   Gesamtgewicht der Lokomotive, betriebsfähig   69220 kg

Gesamtheizfläche des Kessels   163,51 qm   Gesamtgewicht der Lokomotive Schlußfähig   75350 kg

Rostfläche   2,95 qm

Überhitzerheizfläche   58,5 qm

2'C — Vierzylinder-Verbund-Heißdampf-Schnellzuglokomotive Gattung S 10¹, Henschel, Bauart 1911, Musterblatt der K.P.E.V. XIV 2c¹ sogar den wesentlich jüngeren Einheitslokomotiven mit einstufiger Dampfdehnung und höherer Überhitzung überlegen. Als Höchstleistung ergaben sich nahezu 1900 PS . Nachprüfungen der Ausbesserungskosten haben ergeben, daß der den Vierzylinder-Verbundlokomotiven nachgesagte hohe Unterhaltungsaufwand nicht zutrifft. Die S 10¹ war keinesfalls teurer als jüngere Lokomotiven mit einstufiger Dampfdehnung. Die nachfolgenden Zusammenstellungen mögen im einzelnen die guten Eigenschaften der S 10¹ auch theoretisch nachweisen.

Vergleich des Kohleverbrauchs in t/1000 Lokomotivkilometer 1928 (nach Düring)
(Durchschnittswerte dienstplanmäßig eingesetzter Lokomotiven)

Baureihe	17¹⁰	01	18⁴	39⁰
Heimat-Bw	Görlitz	Erfurt	Würzburg	Erfurt
Im günstigsten Monat	10,49 (Juni)	11,81 (Juli)	10,80 (April)	13,21 (August)
Jahresdurchschnitt	11,36	12,40	11,33	14,35
planmäßige Laufleistung Lok/Monat in km	9 500	11 400	11 940	8 900

Thermischer Wirkungsgrad vergleichbarer Lokomotiven   (nach Düring)
(Aus der Dampfwärme erzielbare Leistung)

Lok-Nr.	17 1206	17 1205	01 093	03 109	18 538	18 601	240 P 1 (SNCF)
Bauart	2'C h4v	2'C h4v	2'C 1' h2	2'C 1' h2	2'C 1' h4v	2'C 1' h4v	2'D h4v
Fahrgeschwindigkeit	60-100	120	75-128	56-128	70-120	80-120	58-125
Treibraddrehzahl U/min	160-268	321	200-340	150-340	200-340	227-340	160-340
Thermodynamischer Wirkungsgrad %	73,0-78,0	75,7	64,3-68,9	62,0-70,9	68,8-66,2	75,4-70,2	61,2-82,0

Unterhaltungsaufwand vergleichbarer Lokgattungen 1936—1939   (nach Düring)

Baureihe	AW- und Bw-Aufwand RM/1000 km	Je Lok im Durchschnitt geleistete km je Erhaltungsabschnitt
17¹⁰	268	391 000
01	238	762 000
03	277	569 000
17⁴⁻⁵	264	267 000
18⁴	360	444 000
18⁵	320	460 000

Gesamtunterhaltungsaufwand im AW und Bw aus dem Jahre 1940 (nach Düring)

Baureihe	Laufzeit je Erhaltungsabschnitt		Durchschnitts-Unterhaltungsaufwand je Lok im AW und Bw	
	Monate	km	RM/Jahr	RM/100 km
17^{10}	64	429 000	17 094	279
01	70	624 000	19 914	299
03	71	610 000	17 010	247
18^1	—	385 000	—	236
18^4	64	404 000	17 811	364
19^0	70	559 000	18 761	282

Erhaltungsaufwand im RAW 1941 (nach Düring)

Baureihe	L 2 (Zwischenausbesserung)		L 3 (Zwischenuntersuchung)		L 4 (Hauptuntersuchung)	
	Stunden	RM	Stunden	RM	Stunden	RM
17^{10} (Bremen)	3 012	9 485	8 625	29 266	11 080	46 077
03 (Braunschweig)	5 025	16 294	10 026	35 354	11 714	44 319
18^{4-5} (Mü.-Freimann)	4 127	15 074	6 738	25 848	13 238	57 187

Die Versuche des Jahres 1929 ergaben übrigens einen sehr geringen Leistungsunterschied zwischen den beiden Bauarten 1911 und 1914 (20 PS!). Tatsächlich hat sich im praktischen Betrieb kein Unterschied herausgestellt, beide Bauarten wurden deshalb auch nebeneinander in den gleichen Dienstplänen verwendet. Düring glaubte bei der Bauart 1914 etwas bessere Laufeigenschaften zu erkennen. Dem mag entsprechen, daß für Versuchsfahrten vorwiegend Maschinen der Bauart 1914 herangezogen worden sind. Doch hat auch hier der praktische Betrieb einen schlüssigen Beweis für eine angebliche Überlegenheit der Bauart 1914 nicht zu bringen vermocht.

Gleich gut wird die S 10^1 auch von den Bahnverwaltungen beurteilt, die sie als Reparationsleistungen nach 1918 oder 1945 erhalten haben, also die Belgische Nationalbahn (SNCB) und die Polnischen Staatsbahnen (PKP). Bei letzterer bildete sie bis zum Beginn des Zweiten Weltkrieges das Rückgrat des schweren Schnellzugdienstes im Raum Posen—Bromberg—Danzig. Polen, Belgier und Elsässer waren jedoch mit dem kleinen 21,5-cbm-Tender der P 8 gekuppelt, da nicht überall Drehscheiben- und Schuppenverhältnisse große Tender zuließen.

Interessant wird es sein, die Leistungen der S 10^1 einmal aus anderem Munde be-

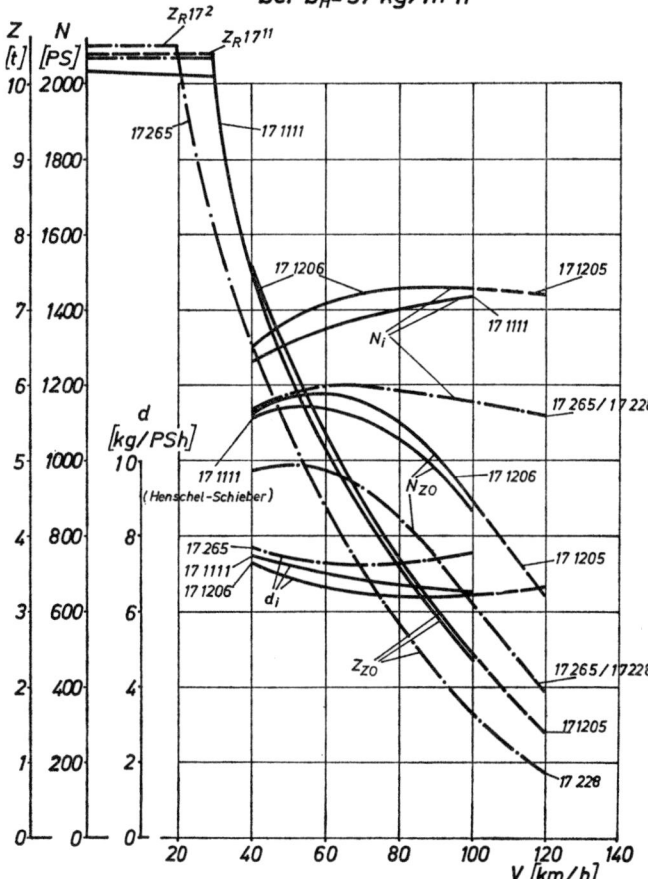

Leistungscharakteristik der preußischen S 10₁- und S 10₂-Lokomotiven (BR 17^{10-12} u. 17²) bei $b_H = 57$ kg/m²h

Leistungscharakteristik der preußischen S 10¹ und S 10²-Lokomotiven (Z = Zugkraft, N = Leistung, Nzo = Leistung am Zughaken, Zr = Zugkraft an der Reibungsgrenze, di = indizierter Dampfverbrauch)

urteilt zu hören. So berichtete Prof. Dr. Ing. E. h. Nordmann in einem Vortrag auf der 8. verkehrswissenschaftlichen Tagung der Vereinigung der höheren technischen Reichsbahnbeamten am 3./4. November 1933 in Berlin:

„Vor etwa 2¹/₂ Jahren wurden Versuchsfahrten mit den neuen, an sich für so hohe Geschwindigkeiten gar nicht bestimmten vierachsigen Eilzugwagen mit 141 km/h nach Magdeburg vorgeführt, wobei der verhältnismäßig schwere Versuchszug von zwei S 10¹-Lokomotiven gefahren wurde. Es handelt sich dabei um die fünfachsige vierzylindrige Verbundlokomotive der Bauart 1915. Eine derartige Maschine mit etwas veränderter Steuerung fand auch Anwendung, als man die gleiche Wagenform noch mit dem weiteren Zweck untersuchen wollte, ob sich Faltenbälge von voller Wagenbreite, die also den Luftwiderstand durch Vermeidung widerstehender Stirnflächen wesentlich verringern sollten, in einem Herabgehen der Zughakenleistung bemerkbar machen. Hierbei wurden stellenweise 152 km/h auf der hannoverschen Strecke erreicht. Der Kessel erwies sich als unermüdlich, der Lauf sehr ruhig, doch war die Anstrengung der zierlichen Maschine, obgleich sie nur eine kleine, für Meßzwecke ungenügende Wagenzahl zu schleppen vermochte, doch so groß, daß verschiedentlich die Treibzapfen heißliefen.

Auch als für den Hamburger Schnelltriebwagen eine andere Zugart eingelegt werden mußte, die im Schadensfall einigermaßen die gleichen Fahrzeiten bot, war vorübergehend an die S 10¹-Lokomotive gedacht worden, deren zu geringe Abmessungen sie indes auch hier nach einigen Versuchen nicht rätlich erscheinen ließen."

Soweit Hans Nordmann. Werner Rupp, früher beim Lokversuchsamt Grunewald, berichtet über die Erprobung des 1936 gebauten Henschel-Wegmann-Zuges, für den die Lokomotive 61 001 vorgesehen war:

„Da die Lok 61 001 auch von dem damaligen Lokversuchsamt Grunewald leistungsmäßig erprobt werden mußte — ohne den Wagenzug —, mußten sich die Bremser und die Wagenbauer für ihre Untersuchungen um eine geeignete Zuglok bemühen, die den Wegmann-Zug auf eine höchstmögliche Geschwindigkeit bringen konnte. Damit konnten wenigstens einigermaßen die bremstechnischen und wagentechnischen Versuche parallel zu den Lokversuchen erledigt werden.

Es wurde damals die 17 1202 ausgewählt und durch Ausbohren der Gegengewichte in den Treibradsätzen so hingetrimmt, daß sie den Wagenzug ohne große Anstrengung auf 150 km/h bringen konnte. Ich glaube, daß diese Leistung einer preußischen Dampflok gewürdigt werden sollte, wenn auch der Wagenzug nur ein Gewicht von insgesamt 140 t hatte. Diese brave 17 1202 — sie hatte uns damals auch bei anderen Gelegenheiten mit ihrer Geschwindigkeit ausgeholfen — wurde mit einer im Wagenzug vorhandenen Abschleppkupplung verbunden."

Die größte mit der S 10¹ gefahrene Geschwindigkeit ist nicht genau bekannt. Während Nordmann oben 152 km/h angibt, sind von Angehörigen des Lokversuchsamtes 155 km/h genannt worden. Wagner erwähnt sogar 156 km/h. Es mögen wohl alle drei Werte richtig und gelegentlich bei verschiedenen Probefahrten erreicht worden sein.

Nachdem in den dreißiger Jahren die S 10¹ durch die Einheits-03 mehr und mehr in den Eilzugdienst verdrängt worden war, begann ihr Stern mit zunehmender Kriegsrüstung und dem verstärkten Lokomotivbedarf wieder zu steigen, besonders nachdem ihre Neubekesselung und Modernisierung angelaufen war. Meist waren es die Reichsparteitage, dann die spektakulären Ereignisse der Jahre 1938/39, wo die 17¹⁰⁻¹²-Lokomotiven, übrigens genau wie auch die anderen alten Länderbahn-Schnellzuglokomotiven, als Lückenbüßer fungieren mußten. Und siehe da, plötzlich zeigten sie alle durchweg Leistungen, die man ihnen noch vor Jahren abgesprochen hatte, weil sie den Einheits-Schnellzuglokomotiven vorbehalten blieben. Aus dieser Zeit sind uns vom Berliner Raum einige bemerkenswerte Fahrten bekannt geworden, die dazu beitragen mögen, das Bild von diesen Lokomotiven abzurunden.

Am Sonnabend, den 12. 3. 1938 — die deutschen Truppen rückten eben in Österreich ein — fiel in Berlin Anh. Bhf die Lok 61 001 vor dem Henschel-Wegmann-Zug aus. Eine Ersatz-01 oder -03 war nicht vorhanden, so mußte die Reservelok 17 1177 in die Bresche springen und mit Hilfe einer stets vorhandenen Abschleppkupplung die Rückfahrt nach Dresden übernehmen. Sie brachte den Zug auf die Minute genau nach Dresden. Die Fahrgäste wurden den Wechsel überhaupt nicht gewahr.

Längsschnitt

Querschnitt

Vorderansicht

Querschnitt

Rückansicht

Bauart 1911 im Schnitt aus dem Musterblatt XIV 2c[1]

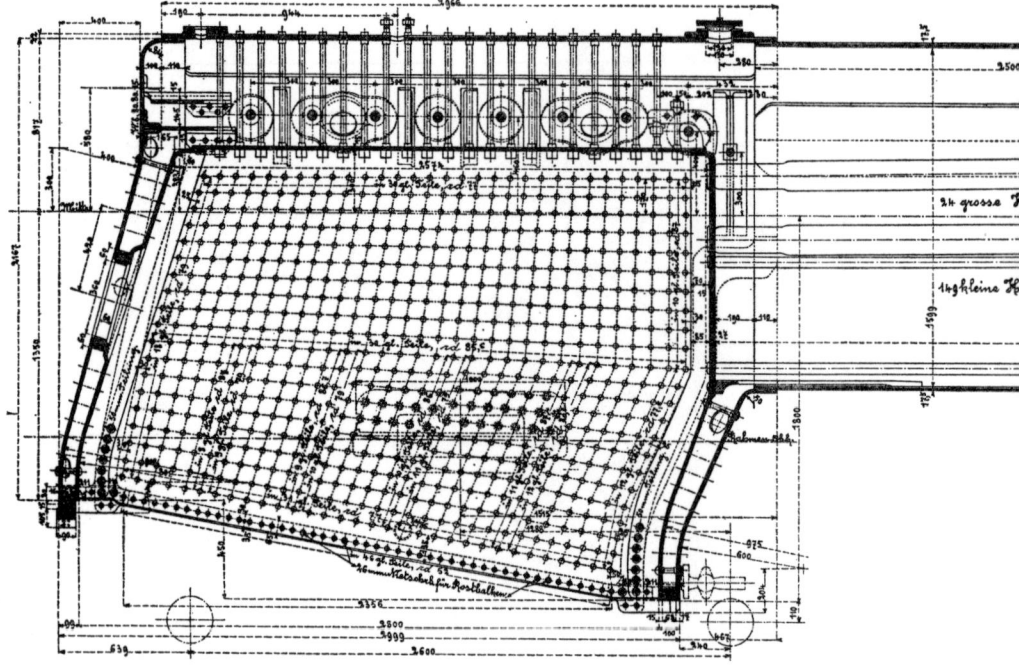

Am Sonntag, dem 11. 9. 1938, als in Nürnberg die damaligen Machthaber ihren Parteitag feierten und die Sudetenkrise bereits schwelte — die politische Lage war sehr brisant — fiel die 05 001 im Lehrter Bahnhof in Berlin aus, die den Fernschnellzug nach Hamburg führen sollte. Auch an jenem Tag mußte auf eine vorhandene 17^{10} zurückgegriffen werden, es war dies die Lok 17 1186 des Bw Lehrter Bhf, die den Zug anstandslos beförderte. 17^{10} als 05-Ersatz — man muß sich das einmal vor das geistige Auge führen!

Ein besonderes Spektakel muß sich dem Eisenbahnfreund, sofern er davon unterrichtet war, am Sonnabend, dem 19. 8. 1939, kurz vor dem Polenfeldzug — die Truppen rückten bereits in ihre Aufmarschstellungen — geboten haben. Damals herrschte erst recht Mangel an Lokomotiven, alles was Räder besaß, war in die anlaufende Kriegsmaschinerie eingespannt. Da fiel zu allem Übel spätabends der FDt 45, Berlin—Beuthen, wegen Motorschadens aus. Guter Rat war teuer, eine Ersatzlok nicht vorhanden. Es sei denn, man wollte die Lok 17 1052 des Bw Sommerfeld, die soeben vor dem Personenzug aus Breslau angezuckelt kam, heranziehen. Es blieb nichts anderes übrig, denn mit einer 38^{10} hätte sich wohl schlecht ein FDt-Ersatzzug bespannen lassen — obgleich alles schon dagewesen ist. Die Lok 17 1052 mußte also einen Drei-Wagen-Zug übernehmen. Für die 328 km vom Schlesischen Bahnhof in Berlin bis Breslau Hbf waren 154 Minuten Fahrzeit vorgesehen, das entsprach einer Reisegeschwindigkeit von 127,7 km/h.

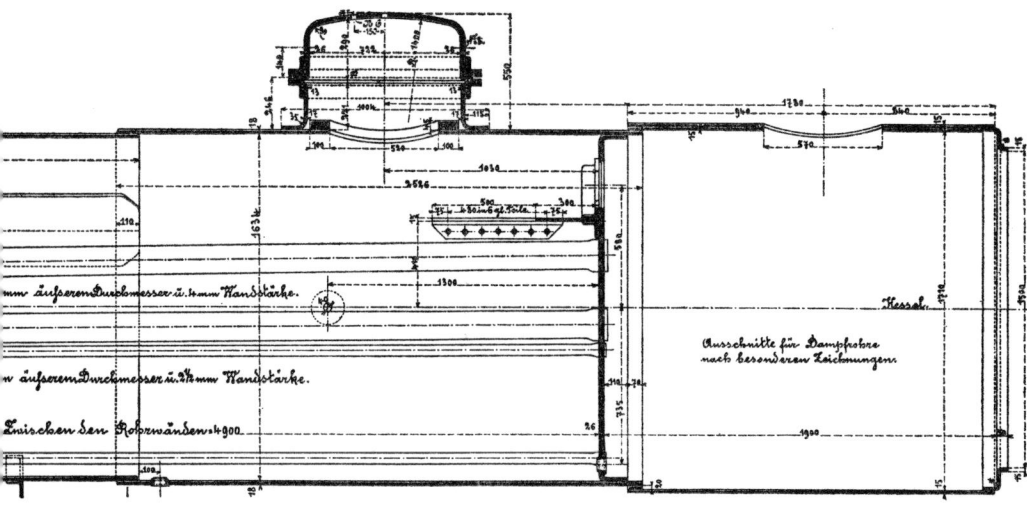

Schnitt durch den Kessel der S 10¹

Die Lok 17 1052 hat den Ersatzzug über die 328 km nach Breslau ohne Halt mit nur 10 Minuten Verspätung geführt. Ein Kommentar hierzu dürfte überflüssig sein.

Von den Elsässern, die sich ebenfalls großer Beliebtheit erfreuten, nennt uns Vilain eine besondere Leistung. So habe Ende 1937 die Lok AL 1111 vor dem Expreß 33 bei 350 t Zuggewicht auf der 99 km langen Strecke zwischen Bar-le-Duc und Metz 13 Minuten Zeit aufgeholt, ein Halt von 1 Minute in Onville eingerechnet sowie eine Langsamfahrstelle bei Ars-sur-Moselle. Das entspricht einer Reisegeschwindigkeit von 91 km/h, die deshalb besonders bemerkenswert ist, weil es sich hier um eine an Rampen reiche Strecke handelt.

Während des letzten Krieges wurden nochmals Versuchsfahrten mit der S 10¹ durch das Lok-Versuchsamt Grunewald vorgenommen. Das geschah zu einer Zeit, als den maßgebenden Männern der DR Zweifel an der Richtigkeit des bisher von ihnen eingeschlagenen Weges in Bevorzugung der Zweizylindermaschine kamen. Das Versuchsamt führte im Bezirk der RBD Posen und Königsberg Betriebsmeßfahrten zur Überprüfung der Arbeitsweise mit Hilfe des Meßwagens durch. Die Versuche beschränkten sich auf fahrplanmäßige Züge. Während des Krieges wurden die S 10¹ ja wieder in vollem Umfang eingesetzt.

Die Messungen ergaben vor dem DmW 21 (54 Achsen, 621 t) auf der Strecke Danzig nach Stolp mit Lok 17 1212 vom Bw Bromberg bei 69,2 km/h eine Leistung von 1124 PS$_e$ am Zughaken. Auf 10 ⁰/₀₀ Steigung wurden bei 35,9 km/h eine Zugkraft von 6162 kg gemessen. Meßfahrten wurden mit gleichem Ergebnis auch auf der Strecke Thorn—Schneidemühl mit maximal 5 ⁰/₀₀ Steigung vor Zügen von 600—650 t Gewicht durchgeführt. Diese Fahrten stellten hohe Anforderungen an das Maschinenpersonal. Man bedenke, daß die Maschinen für derartige Lasten viel zu klein waren, sie übernahmen praktisch die Aufgabe von mehrfach gekuppelten Schnellzuglokomotiven. Der

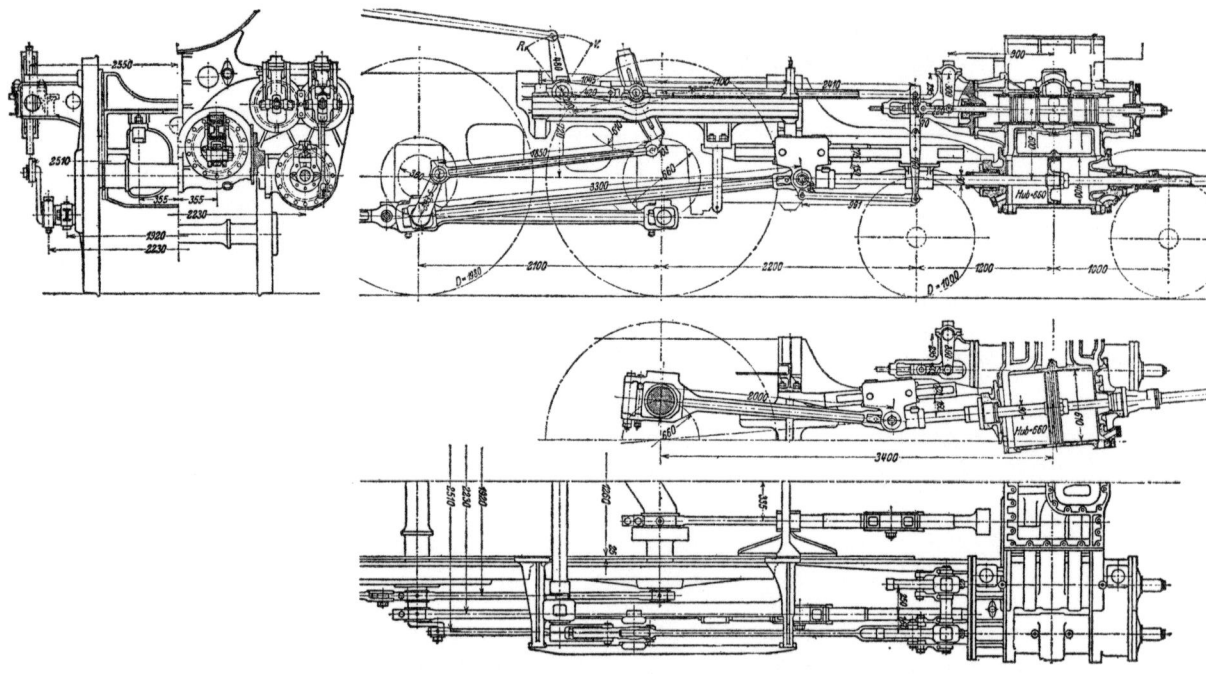

Steuerungsanordnung bei der S 10¹ (1914)

Lokomotivmangel jener Jahre ließ Vorspanngestellung nicht zu. Damals fragte niemand, ob die Lok zu einer solchen Leistung befähigt sei oder nicht. So haben Schneidemühler Lokführer, die jahrzehntelang gewohnt waren, mit der S 10¹ umzugehen, berichtet, daß mit den dortigen Lokomotiven die gleichen Leistungen wie mit den 03 gefahren worden sind. Vor Zügen von 650 t Last seien auf der Strecke Schneidemühl—Dirschau noch Geschwindigkeiten von 100 km/h erreicht worden. Die Belastungstabelle kennt derartige Werte überhaupt nicht, sie sieht bei einer Last von 500 t auf ebener Strecke nur 97 km/h vor, der alte Unterschied zwischen Theorie und Praxis.

Auch an Langläufen hat es im Leben unserer S 10¹ nicht gefehlt. Die Ohne-Halt-Fahrten vor FD-Zügen Berlin Zoo—Hannover über 255 km erwähnten wir bereits früher. Daneben liefen die Maschinen ohne Wechsel

Berlin Stettiner Bhf—Stolp	372 km
Berlin Schlesischer Bhf—Eisenach	345 km
Berlin Lehrter Bhf—Kiel	344 km
Schneidemühl—Königsberg Hbf	343 km
Heydebreck—Oderberg—Lundenburg—Wien Ost	328 km

Lassen wir es hierbei bewenden. Das Zahlenwerk dürfte eindrucksvoll genug gewesen sein, die Leistungsfähigkeit und Bewährung unserer Maschinen nachgewiesen zu haben.

Vielleicht ist an dieser Stelle der rechte Platz, noch einige Besonderheiten der S 10¹

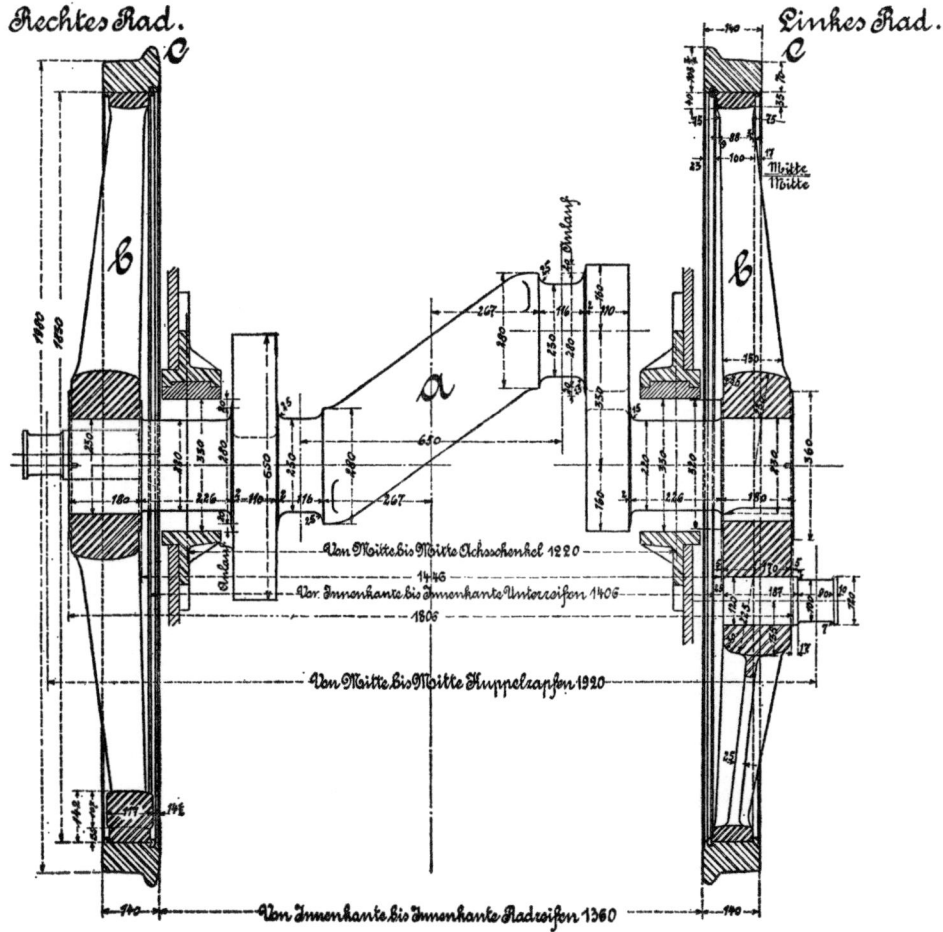

Die Kropfachse der S 10¹

zu erwähnen. Der jüngere Leser, der die Maschinen nicht mehr kennt, sich aber wenigstens geistig ein Bild von ihnen verschaffen will, wird die Frage stellen: Wie war das
denn, wenn sie anfuhren, wie hörte sich ihre „Stimme" an?

Nun, wir lasen über die spezielle Anfahrvorrichtung mit dem Druckausgleicher. Hatte
der Aufsichtsbeamte also die „Kelle" erhoben, stellte der „Meister" den Anfahrhahn auf
Stellung II (vgl. Seite 63) und öffnete den Regler. Die Maschine fuhr jetzt als normale
Zweizylinderlokomotive nur mit den großen Niederdruckzylindern an. Das hörte sich
so an, wie wenn eine P 8, also eine Lok der BR 38¹⁰, einen schweren Schnellzug in Gang
setzen müßte, die Auspuffschläge waren kräftig und laut. Je nach Schwere des Zuges
konnte der Lokführer schon nach einer bis drei Radumdrehungen die Druckausgleicher
schließen und auf Verbundwirkung übergehen. Das war der immer am meisten ver-
blüffende Vorgang. Denn nun setzte der weiche Auspuff des in den Niederdruckzylindern
stark entspannten Dampfes ein. Während also der Beschauer auf ein „Losdonnern" wie

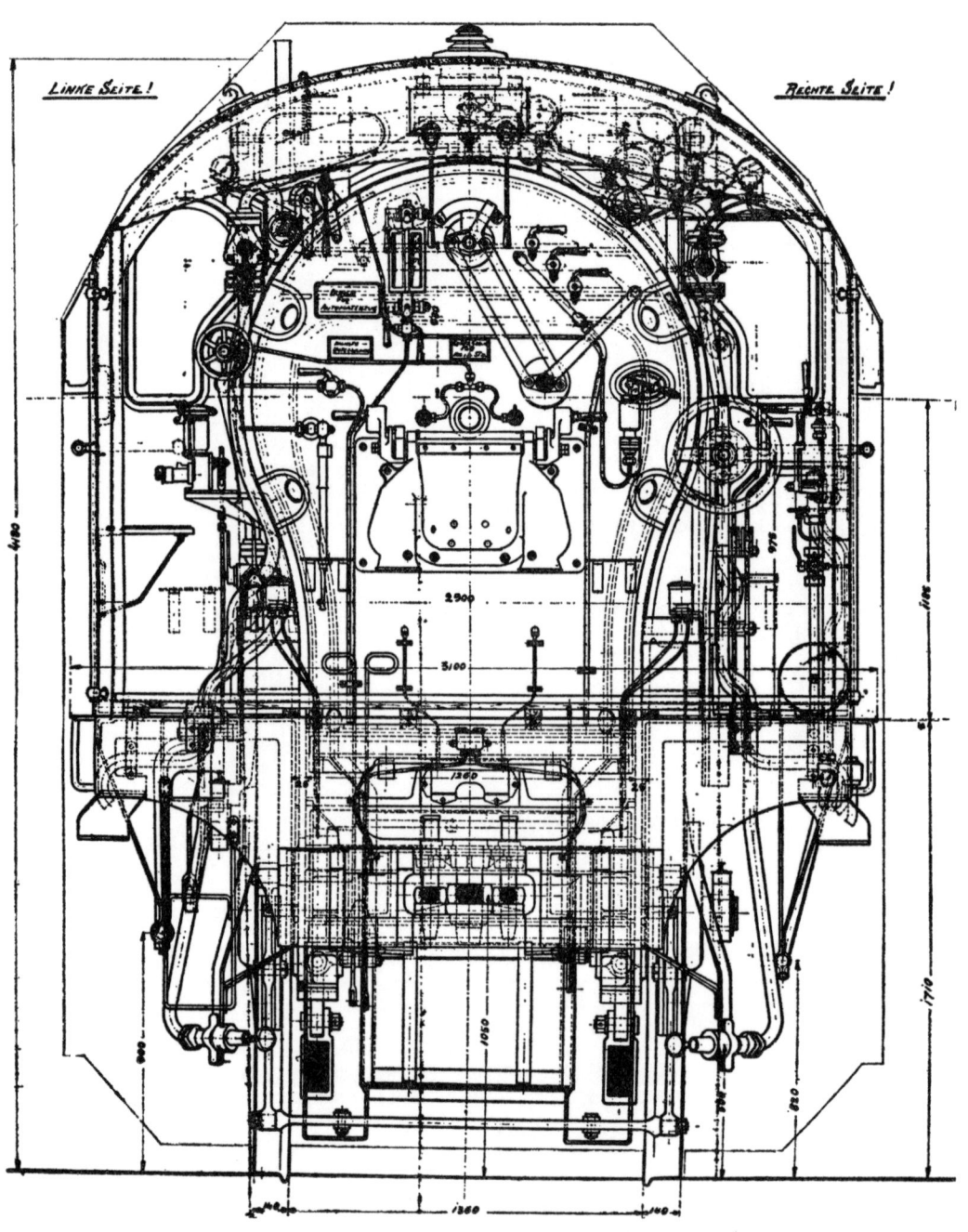

Querschnitt durch den Führerstand, erste Ausführung der S 10¹ von 1911

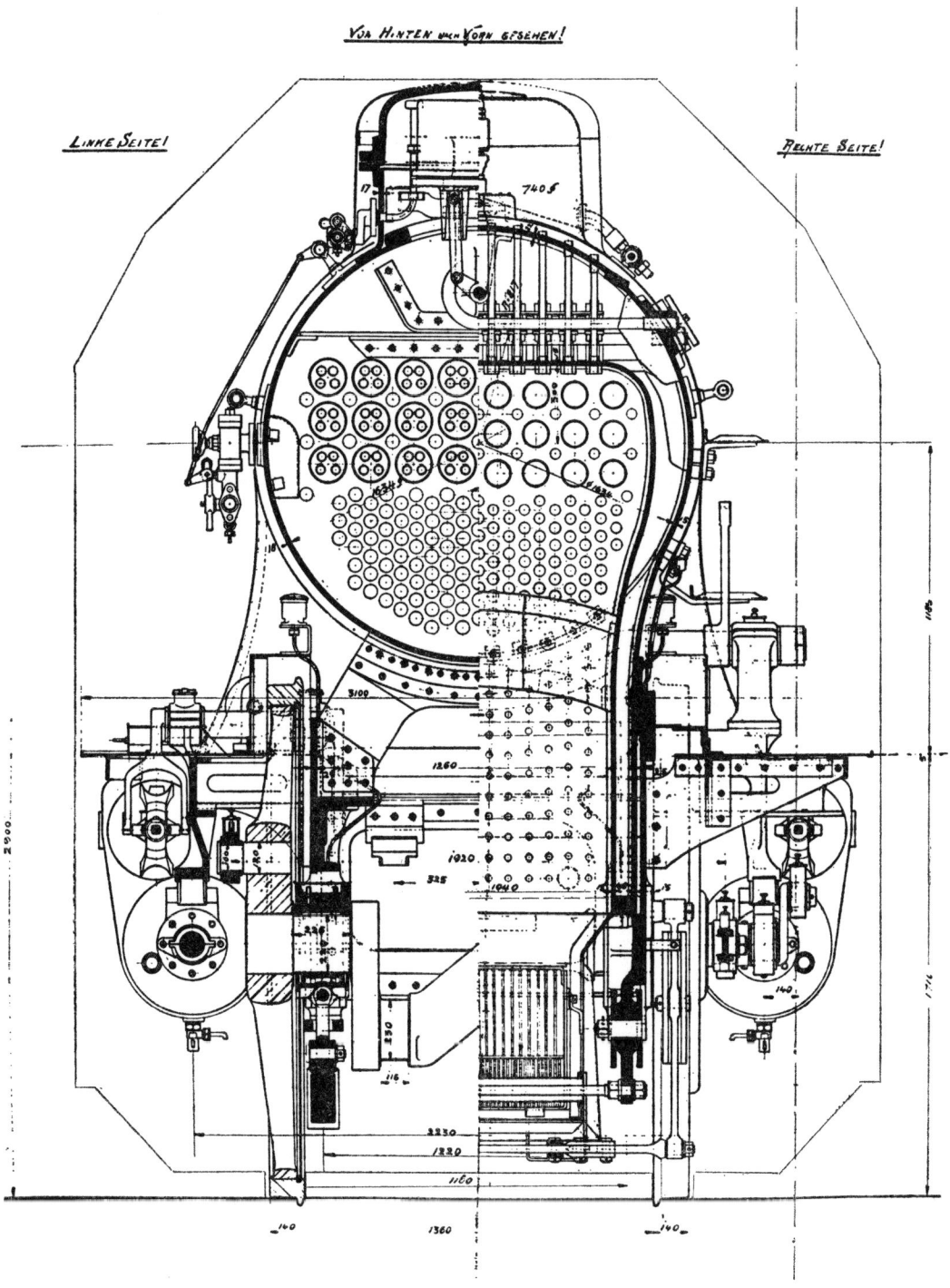

Querschnitt durch den Kessel und HD-Zylinder, rechte Hälfte durch den Stehkessel

beispielsweise bei der 03 wartete, spürte man bei der S 10¹ nichts von dergleichen Anstrengung. Das sah bei Vorspannleistungen immer so aus, als müßte die 01 oder 03 die
ganze Arbeit allein verrichten und die Vorspann-S 10¹ laufe eben nur so zum Spaße mit.
Der Verfasser hatte schon von Jugend auf Gelegenheit, die S 10¹ im Bahnhof sowie auf
freier Strecke zu beobachten. Nur bei scharfer Bergfahrt oder schweren Zügen klang ihr
Auspuff schärfer. Von einem „Hämmern" wie bei der S 3/6 konnte jedoch keine Rede
sein.

Gelegentlich bei Vorspannleistungen konnte man die S 10¹ in den seltsamsten Kombinationen erblicken. Am häufigsten war ihre Kopplung mit Einheitslokomotiven der
BR 01 oder 03. Zu ihren Glanzzeiten diente ihr die P 8 oft selbst als Vorspann zumal
dort, wo die Geschwindigkeiten nicht über 100 km/h lagen. Beim Bw Görlitz leisteten
sich S 10¹ und S 10² gegenseitig Hilfestellung, während man in Halle, später auch in
Heydebreck, S 10¹ mit der S 3/6 kombiniert sehen konnte. Auf der Strecke Halle—
Magdeburg—Wittenberge gab es alle möglichen Kombinationen: S 10¹ in Doppeltraktion, zwei 11er-Maschinen, zwei 14er-Maschinen oder 11 und 14 gemeinsam, S 10¹
und P 10 (BR 39), während in den frühen zwanziger Jahren oft noch die S 6 der S 10¹
Hilfsdienste leisten mußten.

Die S 10¹ hat auch mehrfach in Filmen mitgewirkt, so die beiden Grunewalder
17 1162 und 1163, die öfters bei der UFA in Babelsberg als Statisten dienten. In alten
Filmen hat der Eisenbahnfreund eine letzte Möglichkeit, jene schönen Maschinen in
Aktion zu erleben. Und sollten einmal die alten Kino-Wochenschauen der zwanziger
und dreißiger Jahre ausgewertet werden können, dann dürften wir noch auf manche
interessante Szene mit unseren Maschinen hoffen.

Zum Schluß noch ein Blick auf die Preise für die neuen Lokomotiven. Sie liegen aus
dem Jahre 1914 vor. Zum Vergleich einige andere bekannte Loktypen:

Es kosteten:	S 10¹	117 500 M
	S 10	113 700 M
	S 10²	110 600 M
	P 8	92 600 M
	S 6	82 750 M
	S 3/6	123 000 M
	03 (1930)	185 500 RM
	03¹⁰ (1939)	242 400 RM
	10 (1957)	650 000 DM

Das waren Preise, wie sie uns heute märchenhaft erscheinen wollen. Indes muß man
sie in Relation zum allgemeinen Preisniveau sehen. Ein Henschel-Arbeiter mußte im
Jahre 1911 bezahlen: für 1 kg Rindfleisch 1,83 M, 1 kg Schweinebauch 1,53 M, 1 Pfund
Speck 0,85 M, 1 kg Roggenbrot 0,26 M, 1 Pfund Butter 1,41 M, 1 l Vollmich 0,21 M,
1 Ei 0,09—0,10 M.

Ja, ja — die berühmte gute alte Zeit. Noch nicht einmal die schleichende Inflation
kannten die damals — — —.

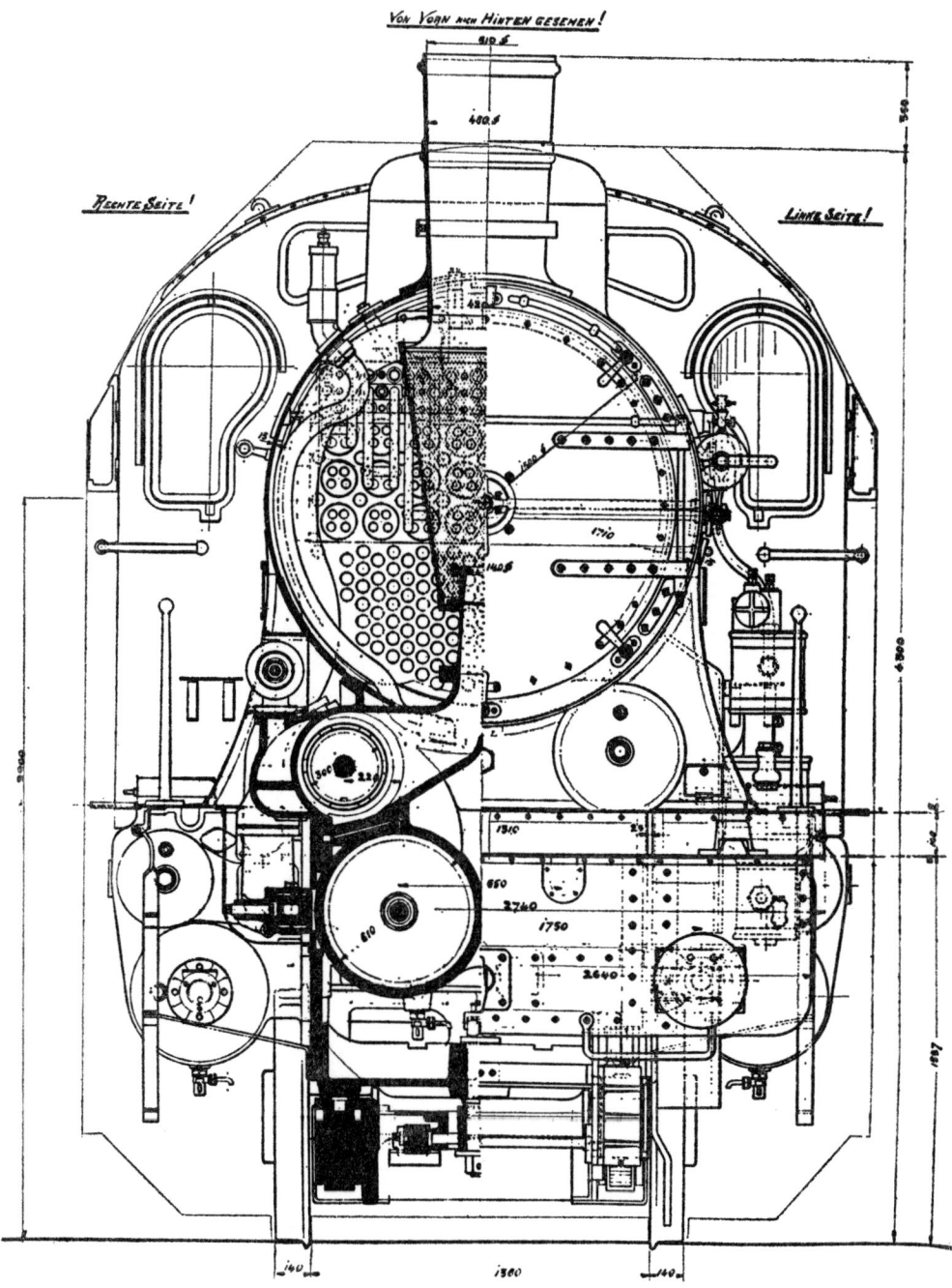

Querschnitt durch Rauchkammer und ND-Zylinder

Der Fall Garbe

Jede Beschäftigung mit der Lokomotivgeschichte der K.P.E.V. im ersten Jahrzehnt bedeutet auch eine Auseinandersetzung mit der Person Robert Garbes (1847—1932), des für die Lokomotivbeschaffung im Eisenbahn-Zentralamt zuständigen Beamten. Und damit mit dem Problem der Heißdampf-Zwillings- und der Heißdampf-Vierzylinder-Verbundmaschine. Wie schwer ein solches Vorhaben ist — soll es zu einem gerechten Urteil führen — hat bereits Michael Freund aufgezeichnet: „Der Historiker darf nicht verlangen, daß die geschichtlichen Figuren zur Zeit ihres Wirkens das wußten, was er heute weiß. Er darf eigentlich fast nicht wissen, was nach dem Jahr geschehen ist, das er darstellt."

Der Streit um die Vorzüge beider Bauarten ist bis heute nicht verstummt, er ist vielfach emotionell belastet gewesen und Sympathie und Antipathie gegenüber den Vertretern dieser oder jener Richtung spielten eine bedeutende Rolle. Jeder glaubte Recht zu haben, jeder glaubte, auf den anderen mit Verachtung herabblicken zu können. Gewiß, mit dem Verschwinden der Dampflokomotive sind alle diese Fragen gegenstandslos geworden. Aber das erstaunliche ist, daß selbst Vertreter der jungen Generation von Eisenbahnfreunden heute noch die Frage diskutieren, was wäre gewesen wenn...! So verlangen die einen, man möge Garbe endlich Gerechtigkeit widerfahren lassen. Die anderen meinen, seine Irrtümer würden seine Leistungen für die Entwicklung der Heißdampflokomotive aufheben. Flamme in Belgien habe das gleiche vollbracht, dort wäre es aber nie zu Differenzen gekommen. Genausowenig wie unter Busse, Gölsdorf, Hammel und so weiter.

Um so mehr verlangt eine Monographie von solch spezieller Aufgabenstellung wie die unsrige, daß wir versuchen, wenigstens auch dieses Kapitel zu einem Abschluß zu führen.

Seien wir ehrlich, ohne die von Garbe selbst ins Feld geführte Polemik gäbe es das Problem nicht. Der Meinungsstreit um die Verbundlokomotive ist allein durch Garbe selbst und seine Herausforderung, besser, seine Unduldsamkeit gegenüber Andersdenkenden, heraufbeschworen worden und daher auch speziell auf Preußen beschränkt gewesen. Er selbst hat es doch seinen Zeitgenossen in jeder Hinsicht schwer gemacht, zu einem gerechten Urteil über sein Wirken zu gelangen. Garbe hat Gegner an sich nie gehabt, er hat sie sich durch sein intolerantes Wesen selbst geschaffen. Der Hannoveraner v. Borries, der mit Metzeltin von der Hanomag gut zusammenarbeitete, hatte sich mehrfach angeboten, eine Vierzylinder-Verbundlokomotive seiner Bauart mit Überhitzer auszurüsten bzw. neu zu entwerfen. Garbe lehnte jedesmal ab, weil er glaubte, der Heißdampf mache die mehrzylindrigen Lokomotiven überhaupt unnötig. Seine starre Haltung gegenüber Metzeltins Argumenten hat schließlich den Bau der S 9 ins Leben gerufen, also genau das erreicht, was Garbe nicht wollte. Der Bau der S 9 — 2 B 1 n4v-S-Lok war im Jahre 1907 einfach sinnlos. Heute fragt man sich, was damit überhaupt bewiesen werden sollte. Es ging doch wohl um das Geschäft der Hanomag, deren Direktor Metzeltin war und das wieder belebt werden sollte, nachdem es bei den neuen Heißdampflokomotiven zu kurz gekommen war. Das Argument, der Heißdampf sei

Bild 68 S 10¹-Maschinen des Bw Hamm warten in Köln Bbf auf ihre Züge (Foto: Bellingrodt)

Bild 69 17 1082 vor E 191 bei Wetter/Ruhr (Foto· Bellingrodt)

Bild 70 Begegnung 1914 bei Berlin-Südende. Rechts eine hallische S 10¹ vor dem D 42 Berlin—Frankfurt/M, links der D 37, Stuttgart—Berlin, mit P 8 bespannt. Eine alte Amateuraufnahme, zugleich ein seltener Schnappschuß. Sie zeigt, wie die P 8 auch damals schon im Schnellzugdienst aushelfen mußte (Foto: Sammlung Dr. Ewald)

Bild 71 Besuch des Reichspräsidenten von Hindenburg mit dem D 6 in Hamburg am 29. 5. 1927. Lokomotiven 17 1072 vor 17 1201
(Foto: Hubert/Sammlung Dr. Ewald)

Bild 72 Lok 17 1009 vom Bw Neubrandenburg bringt den D 1 aus Hamburg. Aufnahme 1938 bei Weitin   (Foto: Bellingrodt)

Bild 73 Abermals der E 192 im Jahre 1936 am Block Schwerter Str. in Hagen. Lok 17 1150   (Foto: Bellingrodt)

Bild 74   17 1046 des Bw Gesundbrunnen vor E 115 bei Schwaan/Mecklenburg 1934   (Foto: Bellingrodt)

Bild 75 Lok 17 1203 im Bw Grunewald
(Foto: Harder)

Bild 76 Die charakteristische Vorderpartie der Bauart 1914. Aufnahme Juni 1937 in Berlin, Stettiner Bhf (Foto: Treichel)

Bild 77 Im Führerstand einer S10¹ der Bauart 1914. Der Lokführer hat die linke Hand am Umschalthebel des Druckausgleichers, der Anfahrvorrichtung dieser Maschinen (Foto: Sydow)

noch zu neu gewesen, kann in Anbetracht der wirklichen Erfolge der S 6 nicht gewertet werden. So stand denn im Jahre 1907 Hanomag-Prestige (v. Borries war 1906 gestorben) gegen Garbe-Eifer, die S 9 gegen die S 6. Die Publizistik, die Metzeltin geschickt zu handhaben wußte, half mit, dem alten Feuerkopf Garbe das Leben sauer zu machen. Dieser wiederum rechnete im Jahre 1907 in seinem Buch „Die Dampflokomotiven der Gegenwart" in gehöriger Schärfe mit seinem angeblichen Widersacher ab.

Fest steht eines: Garbe war eine bedeutende Persönlichkeit. Seine Leistung für die Durchsetzung des Heißdampfes drückt sich nicht nur in seinem technischen Wirken aus, hier gab es auch mancherlei Irrtümer, sondern mehr noch darin, daß es überhaupt gelang, das Ministerium vom Wert der Sache zu überzeugen. Darüber hinaus immer wieder Versuchsmöglichkeiten (und das erforderliche Geld) bewilligt zu bekommen, um den praktischen Nachweis der Überlegenheit des Heißdampfes über den Naßdampf zu führen.

Aber eben deshalb, wegen der Unbestreitbarkeit seiner Leistungen, fallen seine Schwächen so frappant ins Auge. Da finden wir ihn immer und immer wieder seine S 6 zitieren, in die er geradezu verliebt war. Daneben propagiert er seinen eigenen Entwurf einer 2 C h2-S-Lok mit 1980 mm Treibraddurchmesser, einer vergrößerten P 8. Nun ist man ja geneigt, einem bedeutenden Manne manches an Irrtümern nachzusehen. Dennoch überraschen nachfolgende, in seinem Hauptwerk getroffenen Feststellungen:

„Die 2 B-Heißdampf-Schnellzuglokomotive ist die geeignetste Lokomotive zur Beförderung mittelschwerer Schnellzüge auf Flachland- und leichten Hügellandstrecken bei Grundgeschwindigkeiten bis zu 100 km/h ... Mit einem Triebachsdruck von 20 t, der durchaus zeitgemäß ist und immer wieder gefordert werden sollte, könnte die einfache 2 B-Lokomotive derartig verstärkt gebaut werden, daß sie die 2 C-Lokomotivgattung in der Mehrzahl aller Fälle mit großem Nutzen zu ersetzen geeignet wäre."

„Welcher Fachmann will es wagen, ... im regelmäßigen Schnellzugdienste der Lokomotivmannschaft zu gestatten, einen mit Reisenden besetzten Zug mit 150 km/h auch nur kurze Zeit fahren zu dürfen?"

„Unbedingt bedarf der schwerste Personen- und Schnellzugbetrieb im allgemeinen bei 20 t Triebachsdruck nicht mehr als drei Triebachsen. Die einfache 2 C-Zwillings-Heißdampf-Schnellzuglokomotive und die gleich einfache E-Zwillings-Güterzuglokomotive wären die beiden gegebenen Einheitslokomotiven für einen allen möglichen praktischen Ansprüchen genügenden Personen- und Güterzugdienst auf absehbare Zeit, auch im Wettbewerb mit elektrischen Lokomotiven."

„Bei Anwendung von Heißdampf genügt für einfache Dampfdehnung unter allen Umständen ein Dampfdruck im Kessel von 12 Atm., was außer zu einer erheblichen Gewichtsverminderung zur Schonung des Kessels viel beitragen wird, die viel wichtiger ist als die geringe Vermehrung des Arbeitsvermögens von um 2 bis 3 Atm. höher gespanntem Dampf."

„Der Barrenrahmen, dieser vorsintflutliche Lückenbüßer beim Bau von Mehrzylinderlokomotiven, kann endgültig beseitigt werden."

„Die Bremseinrichtung des führenden Drehgestells der Personen- und Schnellzuglokomotiven kann der Verfasser gleichfalls nicht als einen unbedingten Fortschritt ansehen."

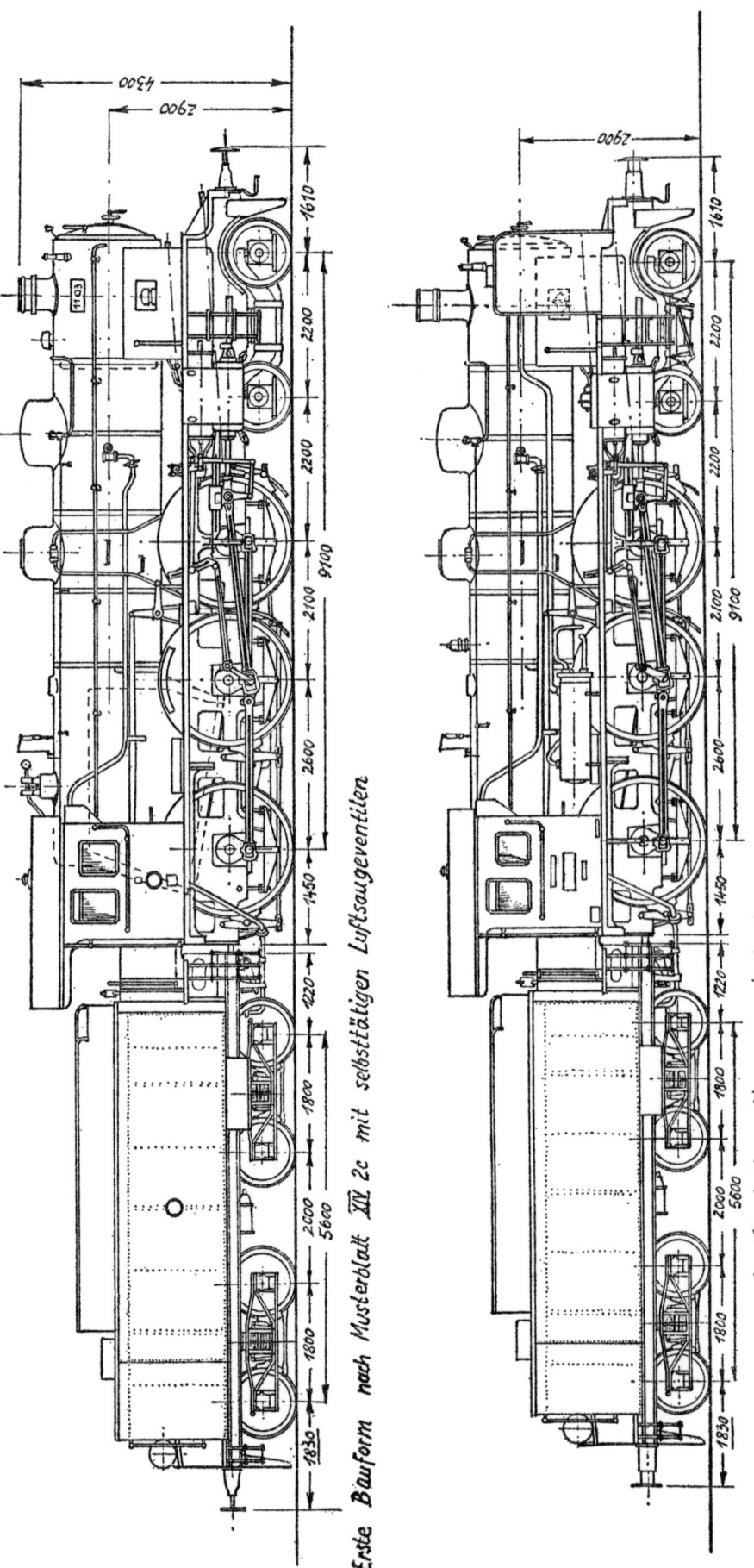

Erste Bauform nach Musterblatt XIV 2c mit selbsttätigen Luftsaugeventilen

Letzte Bauform mit Sicherheitsventilen Bauart Coale
Späterer Zustand mit nachträglich angebautem Speisewasservorwärmer und Windleitblechen

Die S 10¹ Bauart 1911, erste und letzte Bauform (Zeichnung: Töpelmann)

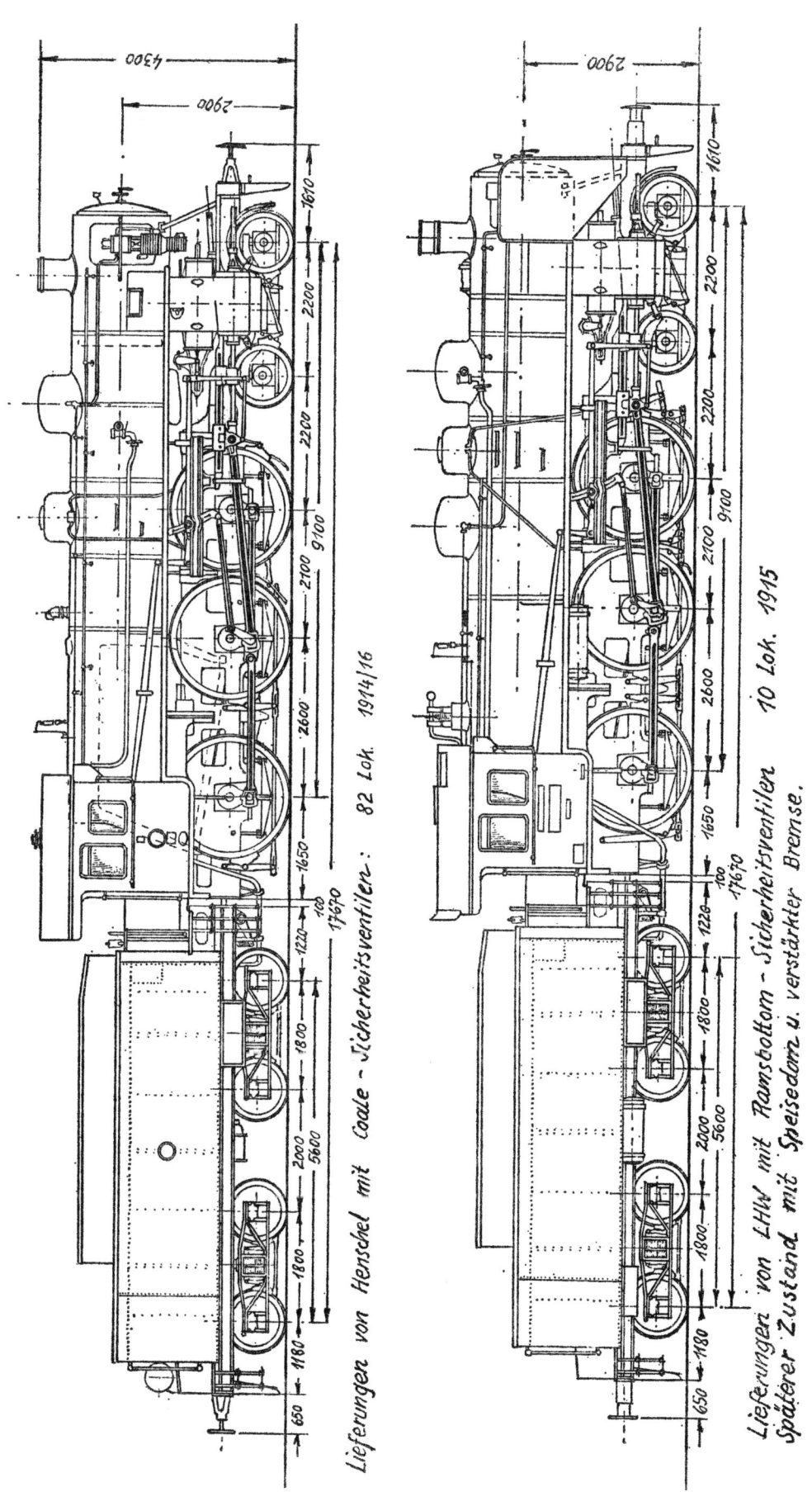

Lieferungen von Henschel mit Coale - Sicherheitsventilen: 82 Lok. 1914/16

Lieferungen von LHW mit Ramsbottom - Sicherheitsventilen 10 Lok. 1915
Späterer Zustand mit Speisedom u. verstärkter Bremse.

Die S 10¹ Bauart 1914, erste und letzte Bauform   (Zeichnung: Töpelmann)

Aber: „Ölheizung ergibt im Lokomotivbetrieb so große Vorteile, daß sie da, wo es die Preisverhältnisse zulassen, unbedingt angewendet werden sollte."

Soweit Garbe selbst. Wenn wir heute, nach so langer Zeit, nicht wüßten, daß die Entwicklung anders verlaufen ist, möchte es noch angehen. So suchen wir eine Erklärung für seine Ansichten und bemühen uns, das eingangs erwähnte Freund-Zitat zu berücksichtigen. Sie können doch nicht das Fazit klassischer preußischer Sparsamkeit darstellen, die — verständlicherweise — Lebensinhalt eines so pflichtgetreuen Beamten bedeutete? Wie mag sich Garbe die weitere Entwicklung vorgestellt haben? Gerade die Beobachtungen und Erfahrungen seiner Amerikareise hätten ihm zu denken geben müssen. Manchmal will es scheinen, als habe er Preußen mit dem Wilden Westen verglichen, wo notfalls auch der Dorfschmied von Little Pinksville eine Lokomotivreparatur ausführen mußte. Traute er denn seinen eigenen Werkstätten so wenig zu? Assoziationen solcher Art tauchen auf, wenn wir seine schon pathologischen Rufe nach Einfachheit der Lokomotive hören. Und nirgendwo ein Hinweis auf die Entwicklung in Süddeutschland!

So liegen im Fall Garbe Licht und Schatten dicht beieinander. Seine Intoleranz hat viel Unheil angerichtet und späterhin zu der Vorstellung geführt, als müsse aus der Sache heraus eine Diskrepanz zwischen h2- und h4v-Lok bestehen. Das führte zu dem durch nichts begründeten Vorurteil, eine 4v-Lok sei in der Unterhaltung um vieles teurer als eine Zweizylinderlokomotive. Der Beweis hierfür ist nie erbracht worden. Nach dieser Theorie hätten die französischen „privaten!" Eisenbahnen sämtlich am Bettelstab gehen müssen. Lediglich die evtl. aus Kohlenersparnis nicht voll gedeckten höheren Anschaffungskosten und damit der höhere Kapitaldienst verdienen Beachtung. Sie wurden durch in Geldeswert allerdings nicht meßbare Vorzüge wie größere Laufruhe, Schonung des Gleises, geringere Belästigung der Fahrgäste durch Zuckschwingungen hinlänglich aufgewogen. Freilich, derartige Annehmlichkeiten für die Fahrgäste sahen die Beförderungsbestimmungen nicht vor.

Es geht hier um die Vierzylinder-Verbundlokomotive. Verschaffen wir uns einen Überblick über das Für und Wider aus der Sicht bekannter Fachleute:

Hammer: „Die Verbundlokomotive hat gegenüber der Vierlingsanordnung nur zwei Dampfschieber, die unter hohem Druck stehen, so daß eine Dampfdurchlässigkeit dieser Schieber die Leistung und Wirtschaftlichkeit wenig beeinträchtigt, weil der etwa durchtretende Dampf noch in den Niederdruckzylindern zur Wirkung gelangt. Berücksichtigt man ferner noch, daß die Vorteile des höheren Kesseldruckes in der Verbundlokomotive voll ausgenutzt werden können, so können diese Vorzüge fast ebenso sehr für die Verbundwirkung sprechen, als die sonstigen theoretischen Erwägungen, die zu ihren Gunsten anzuführen wären."

Garbe: „ . . . ist ersichtlich, daß durch die Anwendung der Verbundwirkung bei Heißdampflokomotiven gegenüber der einfachen Dampfdehnung Ersparnisse von 3 bis 4 % gemacht werden können. Es muß bezweifelt werden, ob hierdurch die Nachteile der Verbundlokomotiven aufgewogen werden. Schon allein der höhere Anschaffungspreis und die durch die Verbundanordnung entstehenden höheren Unterhaltungskosten werden kaum durch die geringe Wärmeersparnis gedeckt werden. Die obigen 3 bis 4 % sind unter den für Verbundlokomotiven denkbar günstigsten Verhältnissen ermittelt worden.

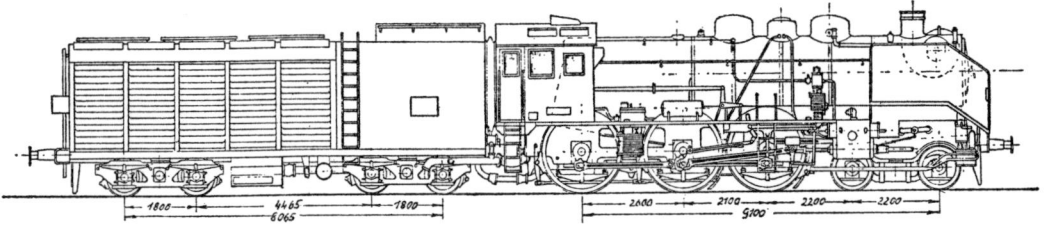

17 1119 , umgebaut vom RAW Stendal 1949

Lok 17 1119 mit Kohlenstaub-Kondenstender   (Zeichnung: Töpelmann)

— — — Die mit Hilfe des Meßwagens der Preußischen Staatseisenbahn-Verwaltung festgestellten Ergebnisse haben die noch weit verbreitete Ansicht von der großen Überlegenheit der Heißdampf-Verbundlokomotive über die Heißdampflokomotive mit einfacher Dampfdehnung zerstört."

Metzeltin: „Garbe hatte es sich in den Kopf gesetzt, nur die einfache Zwillingslokomotive und dazu nur die 2 B, nur ja keine Laufachse hinten, sei das einzig zu erstrebende Ziel. Mit einer 2 B-Lokomotive sei alles zu schaffen, und er bekämpfte daher v. Borries bis aufs Messer, statt ihn, der vom Lokomotivbau doch wirklich etwas verstand, zum Freund und Mitarbeiter zu gewinnen. Wie hat Garbe auch die süddeutschen Fachleute verärgert, indem er die vorzüglichen Barrenrahmen ‚Zimmermannsbalken‘ nannte. — Nun war v. Borries durchaus für die Verwendung des Heißdampfes, er konnte nur beim besten Willen nicht einsehen, weshalb man nicht auch bei den Verbundlokomotiven Heißdampf versuchen sollte."

Nordmann: „Wenn nicht Gründe des ruhigen Laufes oder der bequemeren Beherrschung der Zapfendrücke für die Vierzylinder-Verbundlokomotive sprechen, kann man sagen, daß aus wärmewirtschaftlichen Gründen ein Zwang zur Verbundlokomotive nicht vorliegt, da diese ihre bescheidenen Ersparnisse nur gelegentlich vor schweren Zügen und auf Steigungen entfalten könnte."

Meineke: „Der Vierling ist ein unnützer Dampffresser und hat keinerlei Daseinsberechtigung. Muß man aber wegen der sonstigen guten Eigenschaften eine vierzylindrige Lokomotive verwenden, dann darf es nur eine Verbundlokomotive sein, die im Verein mit erhöhtem Dampfdruck so viel Kohlen sparen kann, daß sie den zusätzlichen Kapitaldienst ungefähr ausgleicht."

Harder: „Bei geringer Überhitzung bringt das Verbundsystem Vorteile, bei hoher nicht mehr. Entscheidend für die Beurteilung der Güte einer Lokomotive ist: Was kosten im Monat 1000 km an Unterhalts- und Betriebskosten. Sie liegen bei Verbundmaschinen sehr hoch. Das muß so sein, denn vier Triebwerke sind in der Unterhaltung teurer als zwei. Der Witz ist nur, ob die ersparten Brennstoffkosten die erhöhten Unterhalts- und Personalkosten aufwiegen. Niemand hat je davon gesprochen, daß das Personal längere Vorbereitungszeiten haben muß und daher bei vorgeschriebener Arbeitszeit die Zeiten für die Fahrleistung geringer wurden."

Düring: „Die Leistungskurven der neueren französischen Verbundlokomotiven be-

99

weisen eindeutig die Verkehrtheit der Einstellung der meisten deutschen Lokomotiv-
fachleute jener Zeit zum Verbundverfahren überhaupt. Die leistungsmäßige Überlegenheit der Verbundmaschinen bei großem Dampfdurchsatz, d. h. hohen Heizflächenbe-
lastungen und hohen Drehzahlen, geht mit einem sehr niedrigen spez. Dampf- und
Kohlenverbrauch Hand in Hand."

Kronawitter: „Die Zeit der Vierzylinder-Verbundlokomotiven, auch in ihren besten
Ausführungen, war mit dem Ende der dreißiger Jahre abgelaufen. Die immer dringen-
deren Forderungen der Gesamtwirtschaftlichkeit der Dampflokomotive haben sie zugunsten des Zwillings verdrängt. Die Gründe dazu waren im einzelnen sehr zahlreich,
sie variieren wohl auch bei den diversen Bahnverwaltungen und auch Lokbaufirmen,
liefen aber letzten Endes auf dasselbe hinaus."

Baumberg: „Ich bin mit der grandiosen Etappe der französischen Vierzylinder-Verbundlokomotiven Chapelonscher Prägung in recht nahe Berührung gekommen. Dabei
habe ich auch die 240 P- und 231 PO-Umbauten mehrfach vor sehr schweren Zügen
kennengelernt, auch gelegentlich ein Stück selbst geführt und deshalb nie verstanden,
warum unsere damaligen Chefs in der Lok-Konstruktion und im Versuchswesen diesen
glänzenden Erfolgen gegenüber so unzugänglich waren. Aber die Einschätzung der
eigenen S 3/6 und IV h hatte dafür schon den Boden bereitet."

Born: „Schaut man auf die Vierzylinder-Verbundlokomotiven zurück, so stellt man
fest, sie waren etwas Besonderes im Lokomotivpark der Eisenbahnen, sie waren sozusagen der Lokomotiv-Adel."

Der Ansichten sind viele, so wird der unvoreingenommene Leser feststellen und
fragen, wieso selbst unter Fachleuten, die es doch eigentlich wissen müßten, so unterschiedliche Meinungen herrschen. Woraus wir die Erkenntnis ableiten, daß eben Fachleute auch nur Menschen sind und zunächst aus ihrer ganz persönlichen Sicht urteilen.

Versuchen wir, ein Resümee zu ziehen. Die Geschichte der beiden letzten Dampflok-
jahrzehnte hat uns die Entscheidung leichter gemacht. Der Franzose André Chapelon
vermochte die Vierzylinder-Verbund-Heißdampflokomotive zu höchster Vollendung zu
entwickeln und ein für allemal den Beweis ihrer leistungsmäßigen Überlegenheit zu
führen. Der aufmerksame Leser wird sowieso während der Betrachtung unserer S 10[1] zu
ähnlichen Erkenntnissen gekommen sein. So steht also heute fest, daß die Vierzylinder-
Verbundmaschine bei hohen Dampfdrücken, hoher Überhitzung, sorgfältiger Beobach-
tung der Strömungsverhältnisse in den Dampfleitungen und sorgfältigster Berechnung
der Dampfmaschine unter europäischen Verhältnissen es ermöglichte, ein Optimum aus
der Kolbendampfmaschine mit Wirkungsgraden von 10—12 % herauszuholen, wie es
zu Garbes Zeit noch undenkbar schien. Der Preis für eine solche thermische und maschi-
nelle Überlegenheit ist nicht gering. Die Heißdampf-Verbundmaschine — ob mit drei
oder vier Zylindern — erfordert ein Höchstmaß konstruktiver Intelligenz, sorgfältige
Wartung, ausgesuchtes und interessiertes Maschinenpersonal und — einen höheren Anschaffungspreis. Betriebswirtschaftlich gesehen wird der Mehraufwand also dort gerecht-
fertigt, wo es gilt, Höchstleistungen zu erzielen. Es hieße den Bogen weit überspannen,
wollte man im einfachen Güterzugdienst oder im Personenzugdienst Verbundmaschinen
einstellen. Hier sind Konstruktionen, wie sie beispielsweise die deutschen Baureihen 23,

38[10] und 50 bieten, die richtigen und zweckmäßigen Fahrzeuge gewesen. Diese Feststellung wird durch die Entwicklung in den USA erhärtet, wo — niedrige Kohlekosten vorausgesetzt — derartige Maschinen in großen Stückzahlen befriedigt haben und steigende Achsdrücke die Vorzüge der Verbundmaschine in anderer Weise zu kompensieren vermochten.

Gäbe es allerdings heute noch die Dampftraktion in früherem Umfang und wäre die Entwicklung kontinuierlich verlaufen, so würden unsere schnellen F-Züge von 2 C-Vierzylinder-Verbundlokomotiven nach Art der französischen 230 K (Bild S. 108) mit 18 atü-Kesseln, Ölfeuerung und Rollenlagern, also weiterentwickelten S 10[1], befördert werden, während für allerschwersten Schnell- und Durchgangsgüterzugverkehr im Hügelland die vierfach gekuppelte Vierzylinder-Verbundlokomotive mit Treibraddurchmesser von 1850 mm unentbehrlich wäre. Die französischen Loktypen 240 P, 141 P und 242 A sind Musterbeispiele derartiger Lokomotivbauarten. Nicht von ungefähr plante Chapelon für Schnellfahrten eine großrädrige 2 C h4v-Lokomotive!

Nun, heute mag das alles graue Theorie sein. Kohlepreise und Lohnhöhe würden die Entwicklung sowieso zur Diskussion gestellt haben und nach neuen Wegen suchen lassen, auch ohne das Geschäft mit dem Dieselmotor. Es ging uns ja auch nur darum, die Diskussion um den Fall Garbe abzuschließen. Die Geschichte der S 10[1] bildete den Angelpunkt hierzu, Angelpunkt deshalb, weil mit ihr bewiesen wurde, daß bei Beibehaltung aller Baugrundsätze preußisch-spartanischer — sprich Garbescher — Einfachheit die Vierzylinder-Verbundlokomotive mit Überhitzung sowohl erhöhte Leistung als auch — selbst unter Berücksichtigung des damaligen Lohnniveaus und der Kohlenpreise — beachtliche Wirtschaftlichkeit zu bieten vermochte. Garbe war es nicht vergönnt, diesen Weg zu erkennen. Ja freilich — wenn Garbe geahnt hätte, daß einmal ein Chapelon kommen würde ...! Und das macht ja eine Beurteilung der damaligen Situation heute so schwer — der Historiker Freund hat es eingangs unseres Kapitels gesagt: Das konnte Garbe ja nicht wissen. Bis zu seinem Tode im Jahre 1932 hat er seiner S 6 und seiner nicht gebauten Schnellzug-P 8 als den Ideallokomotiven der deutschen Bahnen nachgetrauert.

Schließen wir daher den Fall Garbe ab und geben wir hier noch einer Betrachtung Raum, die eine bisher offengebliebene Frage behandelt. Sie stammt aus der Feder von *Werner Sydow.*

Während der vergangenen zwei Jahrzehnte ist in Fachaufsätzen sowohl wie in der Dampflokfreunde-Literatur vielfach auf die Vorzüge und den hohen Entwicklungsstand der süddeutschen Verbundlokomotiven im Vergleich zu den in Norddeutschland seit der Einführung des Heißdampfes bevorzugten Lok mit einfacher Dampfdehnung hingewiesen worden. Die vorliegende Monographie der preußischen S 10[1] gibt die Gelegenheit, die Abweichungen bei der Durchbildung der Verbundmaschine der preußischen Ausführungen gegenüber den süddeutschen, hauptsächlich von der Firma Maffei stammenden Verbundlokomotiven zu erläutern. Die Unterschiede der Auffassungen über die zweckmäßige Wahl der Abmessungen zeigen sich zunächst sehr deutlich bei dem Vergleich der Zylinderraumverhältnisse, d. h. der Größe des Niederdruckzylinders im Verhältnis zum Hochdruckzylinder. Die wesentlichen Daten sind in der folgenden Tabelle zusammengestellt.

Vergleich des Zylinderraumverhältnisses der preußischen und süddeutschen Verbund-Schnellzuglokomotiven:

	Baureihe	Zylinderraum-Verhältnis	Baujahr
Preußen	S 3	2,19	1892
	P 4[2]	2,19	1898
	S 5[2]	2,17	1905
	S 7	2,42	1902
	S 9	2,33	1907
	S 10[1]	2,33	1911/14
Bayern/Baden	II d Baden	2,9	1902
	S 3/5 Bayern	2,9	1903
	S 2/5 + S 3/5	2,81	1904
	P 4 Pfalz	2,69	1905
	S 3/5	2,69	1906
	S 2/6 Bayern	2,21	1906
	IV f Baden	2,57	1907
	S 3/6 Bayern	2,57	1908
	S 3/6 D = 2000	2,34	1912
	S 3/6	2,57	1915/23
	IV h Baden	2,38	1918
	S 3/6	2,39	1926/30

Während demnach in Preußen von Anfang an verhältnismäßig kleine Zylinderraumverhältnisse bevorzugt wurden und diese Haltung bis zur letzten Ausführung — eben der S 10[1] — beibehalten wurde, wendete Maffei zunächst sehr große Raumverhältnisse an und ging erst sehr zögernd im Lauf der Entwicklung auf kleinere Werte über. Allen Maffei-Konstruktionen ist jedoch gemeinsam, daß für HD- und ND-Zylinder die gleiche Füllung angewendet wird, und die Bewegung des außenliegenden ND-Schiebers unverändert auf den HD-Schieber übertragen wird. Nun verlangt der im HD-Zylinder bereits expandierte Dampf für die Aufnahme im ND-Zylinder natürlich ein ganz bestimmtes Volumen, und bei Anwendung gleicher Füllmengen für HD- und ND-Zylinder ergibt sich als vorteilhafter Wert für das Zylinderraumverhältnis etwa 2,8, wie es bei den frühen Maffei-Konstruktionen auch verwirklicht wurde. Um aber den Durchmesser des ND-Zylinders in erträglichen Grenzen zu halten, ist man gezwungen, den HD-Zylinder verhältnismäßig klein auszuführen, um auf diese Weise das angestrebte Verhältnis von 2,8 einzuhalten. Die Verkleinerung des HD-Zylinders hat nun aber den Nachteil, daß eine derartige Maschine sich nicht für große Zugkräfte eignet. Das typische Beispiel hierfür war die badische II d mit ihrem mangelhaften Verhalten auf Steigungen. Die Erfahrungen mit dieser Lok spiegeln sich in den Zylinderabmessungen der bay S 2/6 wider, bei der man in das gegenteilige Extrem verfiel und ein Zylinderraumverhältnis

Bild 78 und Bild 79 Bauart 1914 mit und ohne Windleitbleche. Die Umgestaltung der Vorderpartie zur Reichsbahnzeit ist deutlich zu erkennen.
Die beiden Bilder sollen dem Vergleich dienen, wie die Vorderpartie der Lokomotiven der Bauart 1914 früher und später ausgesehen hat. Bild 79 zeigt daneben, wie vorteilhaft sich Luft- und Speisepumpe in die Nischen der Rauchkammer einfügten. Die Speisepumpe liegt an der Heizerseite (Foto: Ziegler, links; Sammlung Maixner, rechts)

Bild 80   17 1137 vor E 182 bei Hamburg

(Foto: Chr. Hubert/Sammlung Schadow)

Bild 81 S 10¹ der 14er Bauart als Vorspann vor 01 mit D 40, Berlin—München, bei Burgkemnitz 1938 aufgenommen. Ein Bild, typisch für die Mitte der dreißiger Jahre. Die S 10¹ versahen damals vielfach Reservedienste, um als Vorspann vor schweren Zügen eingesetzt zu werden   (Foto: Ziegler)

Bild 82 E 114 in der Kurve bei Namedy am Rhein 1936, Lok 17 1144 vom Bw Hamm   (Foto: Bellingrodt)

Bild 83 Lok 17 1137 vor D 5, Hamburg—Berlin. Bei einigen Maschinen hatte man die Umkleidung des Pop-Sicherheitsventils überhöht. Das verlieh den Maschinen ein Aussehen, als hätten sie auch hinten noch einen Schornstein (Foto: Hubert/Sammlung Schadow)

Bild 84 Eines unserer seltensten Eisenbahnfotos: Zwei S 10^1 der Bauart 1914 bei der Ausfahrt aus Kiel 1937 (Foto: Ziegler)

Bild 85 Die Grunewalder Lok 17 1205 war versuchsweise mit einem Mehrdüsenblasrohr und weitem Schornstein ausgerüstet
(Foto: Bellingrodt)

Bild 86 Charakteristisch für viele S 10¹ waren die Dampfableitungsrohre bei den Pop-Ventilen der Bauart Coale   (Foto: Kallmünzer)

Bild 87 Einige Maschinen der Bauart 1914 besaßen große Windleitbleche wie die abgebildete Lok 17 1200 des Bw Altona
(Foto: Sammlung Harder)

von 2,2 ausführte. Die Steuerung mit gleichen Füllungen für HD und ND wurde jedoch beibehalten. Eine derartige Anordnung ergibt aber einen zu hohen Verbinderdruck und damit eine sehr ungünstige Form der HD-Dampfdiagramme. In der Beschreibung der S 2/6 wies Metzeltin schon 1907 darauf hin, daß bei dem kleinen Raumverhältnis von 2,2 unbedingt eine Vergrößerung der Füllmengen in den ND-Zylindern erforderlich sei. Die Firma Maffei konnte sich jedoch hierzu nicht entschließen und behielt die Steuerung mit gleichen Füllungen bis zu den letzten Ausführungen bei, trotzdem in dem Zeitraum bis 1918 das Zylinderraumverhältnis wegen des besseren Verhaltens auf starken Steigungen bis auf 2,38 verkleinert worden war (bad IV h).

Anders lagen die Verhältnisse bei den preußischen Verbundlokomotiven. Hier hatte man schon vor der Jahrhundertwende zur Erzielung guten Verhaltens bei großen Zugkräften ein kleines Zylinderraumverhältnis angewendet, dementsprechend jedoch die Steuerung so durchgebildet, daß der ND-Zylinder eine größere Füllung erhielt als der HD-Zylinder. Bei den Zweizylinder-Verbundlokomotiven S 3, P 4[2] und S 5[2] erfolgte dies durch abweichende Bemessung der Steuerung auf der rechten und linken Lokseite, bei den Vierzylinder-Verbundlokomotiven S 7 und S 9 erhielten die ND-Zylinder besondere Voreilhebel, durch deren von der HD-Steuerung abweichende Hebelteilung der Füllungsunterschied verwirklicht wurde. Das typische Beispiel für eine derartige Steuerung bietet die S 9, bei der folgende Füllungs-Verhältnisse bestanden:

	Füllung in %	
HD	ND
20	54
30	69
40	77
50	84
59	88
68	91

Für die Maschine der S 10[1] galten die gleichen Bauregeln, die sich bis dahin bei den preußischen Naßdampf-Verbundloks bewährt hatten, d. h. kleines Zylinderraumverhältnis und Füllungsunterschied zwischen HD- und ND-Zylinder. Um aber zu einem möglichst einfachen Steuerungsgestänge zu gelangen, sollten die besonderen Voreilhebel für den ND Zylinder entfallen. Der Füllungsunterschied wurde durch entsprechende Bemessung des ND-Schiebers erreicht. Die Anordnung hatte zunächst nicht den erwarteten Erfolg und es wurden mehrfach Änderungen am ND-Schieber vorgenommen. Die endgültige Bauform hat dann aber im langjährigen Betrieb voll und ganz befriedigt.

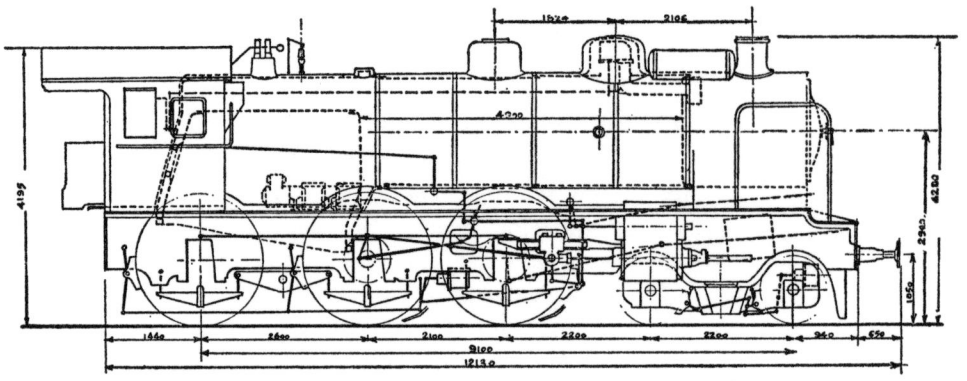

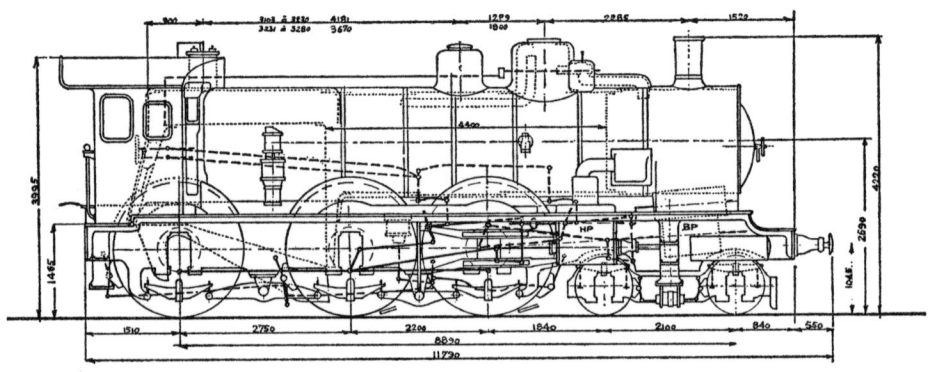

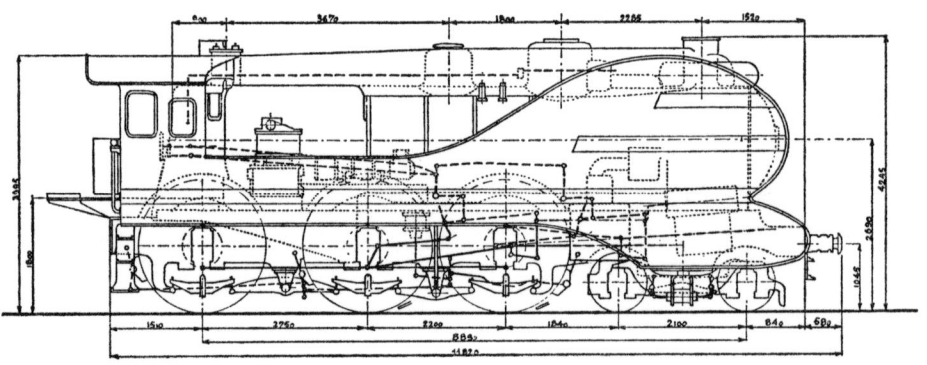

Vergleich der S 10¹ mit den 2'C-Lokomotiven der französischen Ostbahn (Aus „La Vie du Rail")
(Oben: 230 G [S 10¹], Mitte: 230 J, unten: 230 K)

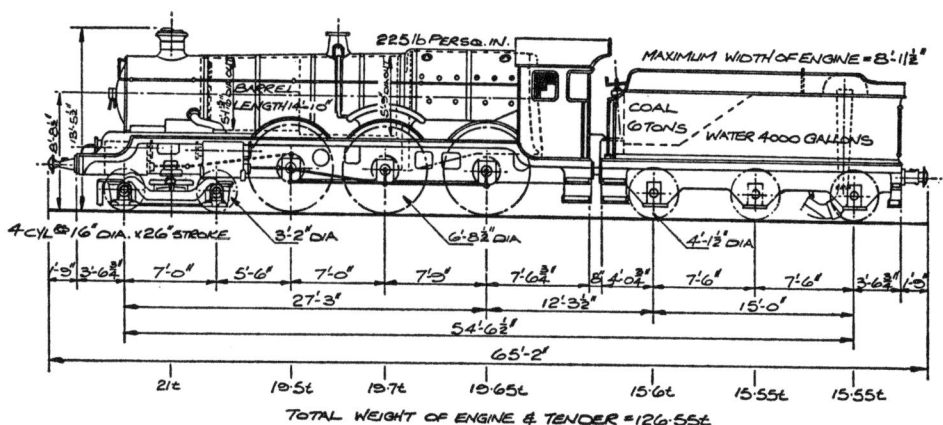

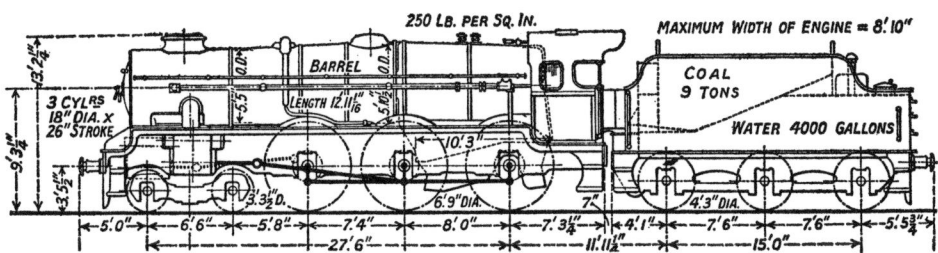

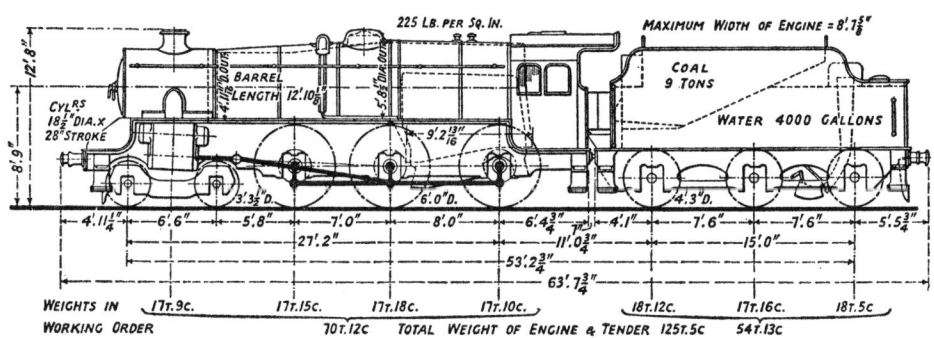

Englische 2'C-Schnellzuglokomotiven   (Aus „Railway World")
(Oben: Great Western 1923, Mitte: „Royal Scot" von 1927, unten: LMSR „Black Five")

Vier Jahrzehnte Lokomotivschicksal

1911 — köstliches Jahr in der Erinnerung unserer Väter, Jahr der Wärme, des Sonnenscheins, des Weines — Jahrhundertwein hieß er damals. Aber auch Jahr des großen Aufatmens, daß die Kriegsgefahr noch einmal gebannt werden konnte, als nach dem „Panthersprung" gen Agadir die politischen Wogen so hochstiegen, daß es aussah, als müßten die Waffen die Fehler einer großspurigen Politik fortsetzen.

Während also bei den Henschel-Werken die letzten Blaupausen angefertigt wurden, während Heise abschließende Gespräche mit den Vertretern des Eisenbahn-Zentralamtes führte und seine Mitarbeiter Kurth und Stroh zum soundsovielten Male die Schieberabmessungen nachrechneten, da wölbte sich seit Juni jener heiße Himmel über das Land, der die Tagestemperaturen auf eine einmalige Höhe steigen ließ. Cassel meldete als Maximum 35,2°, Berlin 35,0°, Stuttgart ebenfalls 35,0°. Die Zahl der Tage mit über 25° Tagestemperatur betrug in Cassel 53, in Berlin 53, in Stuttgart sogar 66. Der Sommer 1911 schwang lange in der Erinnerung der Älteren nach, und noch als der Verfasser ein Bub war, hieß es — damals, 1911, — der Sommer — welch eine Zeit! Während bei Henschel unter fast tropischen Temperaturen die Fertigung der ersten zehn neuen Verbundlokomotiven begann, schickte sich Deutschland an, den Gipfel seiner wirtschaftlichen Macht und auch seines politischen Ansehens zu erklimmen.

Dieses Ansehen des wilhelminischen Deutschlands manifestierte sich zugleich zu Beginn des Jahres in den Feiern zum 40. Jahrestag der Gründung des Deutschen Reiches. Dennoch blieben trotz aller nationalen Töne Unzufriedenheit und Resignation nicht verborgen, erschöpfte sich doch jene Ära in hohlem Pathos und der Monarch war „nie reifer als an jenem Tage, da er als junger Mensch Kaiser wurde". Viele Probleme jener Zeit sind uns heute fremd. Wir wissen kaum noch etwas von jener unseligen Flottenpolitik Wilhelms, von jener unheilvollen Rolle, die Großadmiral Tirpitz mit seinem Alldeutschen Verband spielte und die zwangsläufig zum Gegensatz mit England führen mußte. Die zweite Marokko-Krise, die Europa an den Rand des Krieges brachte, ließ ahnen, daß ein Weltbrand, wie er 1914 ausbrach, kaum noch zu vermeiden war.

Das war überhaupt ein bedeutsames Jahr, jenes 1911. Nicht allein der außergewöhnlichen Temperaturen wegen. Nein, die Welt sah damals anders aus. Ein neues Vergnügungsmittel kam in Mode, die Rollschuhe. Die Kunst erlebte eine späte Blüte. In Berlin wurden Hauptmanns „Ratten" uraufgeführt, in Dresden der „Rosenkavalier" von Richard Strauss. Gleichzeitig erschienen die „Königskinder" von Humperdinck, Strawinskijs „Petruschka" und Mahlers „Lied von der Erde". In London stürmten die Suffragetten das Parlamentsgebäude, jene Frauenrechtskämpferinnen, denen es um das „Suffrage for Women" ging, während in der Antarktis der Norweger Amundsen zum Südpol marschierte, den er am 16. 12. als erster Mensch erreichte. In England ging zu gleicher Zeit der Riesendampfer „Titanic" seiner Vollendung entgegen, der im kommenden Jahr seine Jungfernreise mit solch entsetzlicher Katastrophe beschließen sollte. Charakteristika eines Jahres, heute vergessen und wohl auch uninteressant. Warum eigentlich?

Im Laufe des Oktober lieferte Henschel kurz nacheinander die ersten zehn Lokomotiven der neuen Bauserie ab, die übrigens noch das Gattungszeichen S 10 am Führerhaus trugen. Die „1" wurde erst später hinzugesetzt. Sie trugen die Fabriknummern 10 865—10 874 und wurden sogleich abgenommen. Sie gingen an die Eisenbahndirektionen Halle (3), Stettin (3), Bromberg (2) und Posen (2). Damit war bereits ein großer Teil ihres künftigen Wirkungsgebietes umrissen, denn die östlichen Direktionen sind bis zuletzt ihre Heimat geblieben. Die 3 Hallenser Maschinen (1101 kam vorübergehend zwecks Erprobung nach Grunewald) versahen sogleich vor den schnellen Zügen Berlin—München Dienst. Noch im selben Winterfahrplanabschnitt tauchte die erste S 10¹ in der Betriebswerkstätte Nürnberg Hbf auf, wo sie Seite an Seite mit den ebenfalls noch neuen S 3/6-Lokomotiven im Schuppen stand.

Die Leistungen der neuen Loks überzeugten von Anfang an, so daß für 1912 ein weiterer Auftrag über 26 Maschinen an Henschel gegeben werden konnte. Zusätzlich zu den bisherigen Direktionen erhielten nun auch Danzig und Breslau die neuen Maschinen. Vier Stück gingen an die ED Mainz, wo sie bei der Betriebswerkstatt (damals hieß es noch nicht Bw) Wiesbaden beheimatet waren und im schweren Schnellzugdienst auf der rechten Rheinseite eingesetzt wurden. Das ist für den heutigen Betrachter der damaligen Verhältnisse immer wieder überraschend, daß diese doch recht zierlichen, leichten Maschinen als „schwere Schnellzuglokomotiven" klassifiziert worden sind.

Nach den Probefahrten von 1912 fielen die Würfel endgültig zugunsten der S 10¹, zumal der Betrieb überall zufriedenstellend war. Auch die Direktionen Altona, Hannover, Königsberg und Magdeburg wurden mit ihnen ausgerüstet, während vier Loks 1913 an die Reichseisenbahnen Elsaß-Lothringen gingen. Die stückzahlmäßige Verteilung auf die Direktionen mag der Leser aus unserer Zusammenstellung Seite 159 entnehmen. Im Anhang findet er zudem ein Verzeichnis sämtlicher gebauter S 10¹-Lokomotiven.

Das Jahr 1914 stellte eine Zäsur dar, im Frühjahr erschienen die ersten Maschinen nach den umgearbeiteten Plänen, die sogenannte Bauart 1914. Der Bau der kohlenfressenden Vierlings-S 10 wurde eingestellt, nachdem mit insgesamt 202 Maschinen des Guten viel zu viel getan worden war. Der Stettiner Vulcan arbeitete die Bauart um in eine dreizylindrige Variante, von der zwischen 1914 und 1916 124 Stück als Gattung S 10² gebaut wurden. Diese erwies sich insgesamt schwächer als die S 10¹, übertraf aber an Wirtschaftlichkeit die S 10 um ein beträchtliches. Sie erfreute sich auf Grund ihres einfacheren Triebwerkes von Anfang an größerer Beliebtheit beim Personal als die vierzylindrige Ausführung. Damals wurde der Grundstein für die Bevorzugung der Dreizylinder-Maschine während der Reichsbahnzeit, ja noch bis in das Jahr 1956 gelegt, als die Baureihe 10 als letzte Vertreterin jener mit der S 10² begonnenen Bauart erschien.

Zurück zu unserer S 10¹. Die ersten 8 Lokomotiven der neuen Bauart 1914 kamen an die Reichseisenbahnen. Dem aufmerksamen Leser wird nicht entgangen sein — sofern er unser Lokomotivverzeichnis bereits studiert hat — daß von den 254 gelieferten S 10¹-Lokomotiven die Direktionen Hannover 26, Magdeburg 15, Halle 20, Bromberg 29 und Altona 16 Stück erhielten, während die ED Berlin bisher überhaupt nicht genannt worden ist. Dabei ist doch die S 10¹ d i e Berliner Schnellzuglokomotive überhaupt gewesen. Das liegt aber an der besonderen Organisation des Berliner Verkehrs. Die K.E.D. Berlin verwaltete damals nur den Nahverkehr, während alle Fernzüge mit Lokomotiven der angrenzenden Direktionen bespannt wurden. So versahen den Dienst auf der Stadbahn Richtung Westen die Maschinen der K.E.D. Hannover (stationiert in Rummelsburg Abstellbahnhof), in Richtung Osten die K.E.D. Bromberg (Grunewald), während die Hallenser den Anhalter Bahnhof und die Bw Wittenberge (Direktion Altona) den Lehrter Bahnhof bedienten. Die K.E.D. Stettin hat schon damals wie auch späterhin selbst den Dienst auf der Nordbahn und der Stettiner Bahn (Bw Gesundbrunnen) besorgt. Erst im Jahre 1921 übernahm Berlin auch die Leistungen im Fernverkehr. Es erhielt damals über 60 Maschinen aus allen Direktionen zugeteilt. Magdeburg und Halle gaben ihre S 10^1 komplett ab, desgleichen Essen und Mainz.

Nicht vergessen dürfen wir den Aderlaß auf Grund der Waffenstillstandsbedingungen 1918, der auch die S 10^1 betraf. 20 Maschinen mußten an die Polnische Staatsbahn abgegeben werden, 3 an Belgien und 5 kamen noch an Elsaß-Lothringen, dessen Bahnen jetzt als Netz AL (Alsace-Lorraine) selbständig innerhalb der französischen Ostbahn verwaltet wurden.

Im Jahre 1921 endet der erste Abschnitt im Leben unserer S 10^1-Lokomotiven, den wir den preußischen nennen wollen. Er ist überschattet von jenen Ereignissen der Jahre 1914—18, dem Ersten Weltkrieg.

Während der letzten Vorkriegsjahre, der „Friedenszeit", wie man später sagte, traten die S 10^1 auf Grund ihrer noch geringen Stückzahl nicht sehr in Erscheinung, es sei denn vor den renommierten Fernzügen, die sie alsbald übernahmen. Das besonders auf den Strecken Berlin—Hamburg, Berlin—Halle—Nürnberg, Berlin—Stettin, Berlin—Breslau und Berlin—Bromberg/Posen. Denken wir daran, daß die S 6 damals noch triumphierte (sie wurde ja bis 1913 gebaut). Vergessen wir auch nicht, daß anfangs die Vierlings-S 10 noch mit von der Partie war. Daß ihre Leistung in keinem Verhältnis zum Kohleverbrauch stand, ergab sich erst nach und nach. Die Vorzüge und Nachteile der einen gegenüber der anderen Bauart mußten sich erst im praktischen Betrieb erweisen.

Als dann die S 10^1 im Jahre 1914 in veränderter Bauart auch beim Personal größere Sympathie gewann, da brach das Inferno los, jener Krieg, den im Grunde niemand gewollt hatte und der dann doch wie ein Naturereignis über die Völker hereinbrach, zwangsläufig, unabwendbar. Das „militaristische" Deutschland trat unter denkbar schlechten Voraussetzungen in ihn ein, mit einem Monarchen, der sich mit Säbelrasseln Mut machen mußte, mit einem Reichskanzler, der mehr Philosoph als Staatsmann war und dem bald das Heft aus der Hand glitt, mit einem militärischen Oberbefehlshaber, der ein von Krankheit gezeichneter Melancholiker war und als „Feldherr wider Willen" in die Geschichte eingegangen ist. Unter diesen Vorzeichen mutete die Begeisterung in jenen Augusttagen wie ein Spuk an.

An den Ereignissen der Kriegsjahre waren die S 10^1-Maschinen in hohem Maße beteiligt, galten sie doch als das stärkste und beste, was die K.P.E.V. an Schnellzuglokomotiven zu bieten hatte. Die Neubestellungen liefen bis zum Jahre 1916 weiter, obwohl der Bedarf an Lokomotiven für die Kriegsschauplätze weit dringender war. Wir finden die S 10^1 nicht nur im stark eingeschränkten planmäßigen Dienst, auch vor Fronturlauberzügen und ganz besonders vor den zahlreichen Kurierzügen und Sonderfahrten, die in Anbetracht des Zweifrontenkrieges und der ungünstigen Lage der Hauptquartiere und schließlich auch nach Berlin notwendig wurden. Die neuen Maschinen waren erstmals beim letzten Kaisermanöver 1913 in Schlesien in Erscheinung getreten. Sie wirkten vor jenem Zwei-Wagen-Sonderzug mit, der am Morgen des 23. 8. 1914 Hindenburg und Ludendorff als Oberkommandierende der 8. Armee an die Ostfront führte. Breslauer Maschinen liefen vor den Kurierzügen zum großen Hauptquartier nach Pleß. So auch an jenem denkwürdigen 29. 8. 1916, als der Kaiser bei Anwesenheit der Kaiserin und des Reichskanzlers den Generalobersten Hindenburg und General Ludendorff mit der Obersten Heeresleitung betraute. S 10¹ dampften in jener Zeit auch vor dem kaiserlichen Hofzug. Sie waren am 10. 8. 1918 in Eisden dabei, als Wilhelm II. nach Abdankung die holländische Grenze überschritt. Eine S 10¹ brachte am 17. 4. 1921 den aus drei Wagen bestehenden Sonderzug mit der am 11. 4. in Holland verstorbenen Kaiserin Auguste Viktoria nach Berlin zur Beisetzung. Es gibt kaum ein Ereignis jener Zeit, bei welchem unsere Lokomotiven nicht als Statisten mitgewirkt hätten, stumme Zeugen des Aufstiegs und Falles einer Nation.

Der zweite Abschnitt im Leben der S 10¹-Lokomotiven beginnt nach den Verschiebungen der Jahre 1920/21. Damals ging es nicht allein um Abgaben an die RBD Berlin, nein auch um Änderungen, die sich aus der neuen Grenzziehung auf Grund des Versailler Vertrages ergaben. Diese zweite Epoche — sie stimmt mit den berühmten „goldenen zwanziger Jahren" überein — reicht etwa bis zum Jahre 1933, bis zur verstärkten Anlieferung der neuen 03-Einheits-Schnellzuglokomotiven.

Es ist die Epoche, in welcher unsere S 10¹ als unentbehrlicher denn je auf allen Hauptbahnen östlich der Elbe galt. Die Vierlings-S 10 befand sich überwiegend in Mittel- und Westdeutschland und versah Dienst auf den Hügellandstrecken (Bw Erfurt war damals S 10-Hochburg), während die S 10²-Maschinen vorwiegend in Hannover, Braunschweig, Kassel, Köln, Halle und Görlitz beheimatet waren. Die neu in Dienst gestellten P 10-Lokomotiven (BR 39) stellten zwar im schweren Dienst eine gern gesehene Entlastung dar, traten aber auf Grund ihrer hohen Achslast (19 t) noch nicht überall in Erscheinung.

Berlin und seine S 10¹! Eigentlich müßten wir jetzt 17¹⁰ sagen. Die älteren Leser werden sich noch erinnern, wie diese Lokomotiven und die Reichshauptstadt ein nicht zu trennender Begriff waren. Aus den Erinnerungen von Arnold Haas im folgenden Kapitel mag das deutlich hervorgehen. So gab es kaum ein Ereignis jener Zeit, an welchem nicht wiederum S 10¹ teilhatten. Ihre Zahl war nach dem Ersten Weltkrieg auf 209 Stück zusammengeschmolzen. 17 1067 und 1174 schieden 1932 durch Ausmusterung aus, so daß 207 Stück verblieben. Ihre Bedeutung stieg gegen Ende der zwanziger Jahre noch an, als laufend S 10-Maschinen ausgemustert wurden. Die DR entledigte sich schon frühzeitig dieser unwirtschaftlichen Kohlenfresser. Bis 1935 waren alle bis auf 17 039, 102 und 107, die als Bremslokomotiven beim Lokversuchsamt Grunewald tätig waren, verschwunden. Die S 10² hingegen standen bis Ende des Zweiten Weltkrieges in Dienst und fielen, da sämtlich in den Westzonen verblieben, der großen Ausmusterungswelle 1948/50 zum Opfer.

Verweilen wir noch ein wenig bei den „Goldenen Zwanzigern", die eine gleiche Bedeutung auch für unsere Lokomotiven genossen. Golden werden sie vor allem wegen der Anhäufung geistiger und kultureller Leistung genannt, wegen der letzten Blüte der bereits im Verfall befindlichen bürgerlichen Kultur. Dabei gelten sie so recht als das

Jahrzehnt Berlins. B. E. Werner schreibt über diese Jahre: „In der Mittagsstunde der zwanziger Jahre, also um das Jahr 1925, spielt das Orchester des Dezenniums in voller Besetzung. Und was ist das für ein Orchester!" Sie endeten am 30. 1. 1933 in jenem Karneval auf dem Wilhelmsplatz und „dem kilometerlangen Zug ihrer Totengräber".

Dazwischen liegen Dawes- und Young-Plan, der Parteienhader, die wechselnden Kanzler mit den wechselnden Kabinetten, jene Ära Hindenburg, dessen Einzug nach seiner Wahl zum Reichspräsidenten am 10. 4. 1925 und Ankunft im Berliner Bahnhof Heerstraße am 11. 5. bereits eine S 10¹ begleitet hatte. Wenn der alte Herr später von Berlin nach seinem Gut Neudeck in Ostpreußen reiste, dann führten S 10¹-Lokomotiven den Zug auf seiner ganzen Fahrtstrecke. Zu den Goldenen Zwanzigern gehört aber auch die Weltwirtschaftskrise mit dem Schwarzen Freitag, des 24. 10. 1929, dem Zusammenbruch der Darmstädter und Nationalbank in Deutschland am 13. 7. 1931, Massenarbeitslosigkeit, Hunger und Elend.

Es braucht nicht viel Phantasie, sich das Wirken unserer Lokomotiven in jener Zeit zu vergegenwärtigen. Wenn der Dichter Gerhart Hauptmann — damals schon der große alte Mann der Literatur — vom heimatlichen Agnetendorf in Schlesien nach seinem geliebten Hiddensee reiste, dann wurde sein Zug über die ganze Strecke von S 10¹-Loks. geführt. Kann man sich heute überhaupt vorstellen, wer damals auf den Berliner Kopfbahnhöfen nach Ankunft des Schnellzuges den Bahnsteig verließ und dabei vielleicht einen Blick auf die vor dem Prellbock zischende, dampfende 17 1062 oder 1133 oder 1208 warf? Stefan George, Hugo von Hofmannsthal, Gottfried Benn oder Bert Brecht, Marlene Dietrich, Greta Garbo, Henny Porten oder Fedor Schaljapin, Richard Tauber, Jan Kiepura, Martha Eggerth oder die Mistinguette, Cosima Wagner, Wilhelm Furtwängler, Bruno Walter, Albert Einstein genauso wie Otto Reuter, La Jana und die Tillergirls? In jene Zeit gehört die Traktion der Züge zu den Jungfernfahrten der neuen Ozeanriesen „Bremen" und „Europa", von Oldenburger S 10¹ besorgt, wie die triumphale Rückkehr von Max Schmeling nach Erlangen der Box-Weltmeisterschaft 1931. Alles, alles spielte sich damals letztlich vor der Kulisse unserer Lokomotiven ab. Es war ihre Glanzzeit, wo sie vor keinem Regierungssonderzug, bei keinem ausländischen Staatsbesuch fehlten.

Stellen wir die Schwerpunkte ihres Einsatzes zusammen. Da ist zunächst die pommersche Gruppe mit nachstehenden Stationierungen.

RBD Stettin
Bw Stralsund 1931

17 1002	1004	1022	1026	1047	1050	1088	1159	1160

2/1944

17 1003	1087	1111	1159	1190

Bw Stargard 1931

17 1001	1015	1016	1017	1046	1087	1130	1132	1190	1208

4/1944

17 1002	1003	1004	1019	1084	1087	1089	1096	1208

Bild 88 Die Grunewalder 17 1162 vor dem Jasmatzihaus in Dresden   (Foto: Bellingrodt)

Bild 89   17 1183 vom Bw Görlitz mit P 8 als Vorspann vor dem D-Zug nach Breslau, abfahrbereit in Dresden Hbf September 1934
(Foto: Sammlung Rethel)

Bild 90   Die drei Österreicher: Hier Lok 17 1099 in Wien West im September 1951 (Foto: Fröhlich)

Bild 91   17 1004, etwa zur gleichen Zeit in Wien West aufgenommen (Foto: Kraus)

Bild 92 Die dritte im Bunde, 17 1089, ebenfalls 1951 in Wien West fotografiert (Foto: Zell/Griebl)

Bild 93   17 1099 und 17 1004 auf der Westbahn bei Penzing 1951 (Foto: Kraus)

Bild 94   Aushilfsarbeit bei Rekawinkel 1951, Lok 17 1099 (Foto: Kraus)

Bild 95   17 1004 vor 93 324
in Wien West 1950
         (Foto: Kraus)

Bild 96 Die S 10^1 im Gemälde, hier vor einer 310 im Wiener Wald, gemalt von A. Hofbauer

Bild 97 Auch für Notgeld der Firma Henschel hat sie 1923 schon Modell gestanden

Bild 98 Lok Danzig 1115 verunglückte vor dem D 3 im polnischen Korridor Anfang der zwanziger Jahre. So makaber der Anlaß, aber wenigstens hier kann man einmal einen Blick auf die inneren Treibstangen und die Kropfachse werfen
(Foto: Sammlung Maixner)

Bw Stolp 1931
17 1078   1084   1085   1099   1207
4/1944
17 1017   1047   1078

Bw Pasewalk 2/1932
17 1084

Bw Gesundbrunnen 2/1932
17 1046   1078   1085   1099   1100   1197
1. 8. 1937
17 1002   1019   1026   1050   1085   1099   1100   1197   1207   1208

Darüber hinaus waren S 10[1] auch zeitweise in Stettin Hbf stationiert. Sie versahen den gesamten Schnellzugdienst auf den Strecken Berlin—Neustrelitz—Rostock, Berlin—Stralsund, Berlin—Stettin—Stargard—Stolp—Danzig. Als in jenen auf den Ersten Weltkrieg folgenden Jahren die Geschwindigkeiten wegen des vernachlässigten Oberbaus drastisch herabgesetzt waren, finden wir vielfach auch die P 8 im Schnellzugdienst eingesetzt. Das änderte sich mit zunehmender Besserung der Verhältnisse gegen Ende des Dezenniums.

Eine zweite Gruppe bilden die Maschinen der aus Resten der ehemaligen Direktion Bromberg gebildeten RBD Osten (Frankfurt/O) mit folgenden Stationierungen:

RBD Osten
Bw Schneidemühl Pbf 1/1930
17 1011   1012   1013   1014   1053   1075   1076   1113   1114   1115
   1116   1148   1150   1165   1184   1186   1187   1188

Bw Frankfurt/O Pbf 1/1930
17 1030   1031   1054   1055   1056   1064   1065   1066   1077   1101
   1102   1103   1104   1105   1179   1180
17. 11. 1936
17 1013   1054   1064   1101   1102   1103   1104

Bw Küstrin Neustadt 19. 6. 1936
17 1055   1056   1116

Bw Glogau 1934
17 1014   1035   1053   1068   1075   1076   1116

Schon die Beheimatung von allein 18 Loks im Bw Schneidemühl Pbf zeigt ihre Bedeutung für die Ostbahn, also die Strecke Berlin—Schneidemühl—Dirschau—Königsberg. Zu diesem Block müssen die Königsberger Maschinen gezählt werden, deren

Nummern sich leider nicht erfahren ließen. Von der S 10¹ wurde auch die Strecke Stettin—Küstrin—Glogau—Breslau bedient.

Ein Blick auf die schlesische Gruppe, zu der auch noch das Bw Sommerfeld gehörte, dessen Belegung (außer 17 1052) sich ebenfalls nicht in Erfahrung bringen ließ.

RBD Breslau
Bw Breslau Hbf 16. 7. 1935
17 1061 1094 1097 1117 1119 1192 1193 1194 1195
8. 7. 1937
17 1094 1119 1193 1194 1195

Bw Görlitz 20. 1. 1936
17 1131 1135 1155 1157 1168 1170 1178 1181 1182 1183

RBD Oppeln
Bw Heydebreck 1938*)
17 1051 1060 1145 1146 1147 1148
4/1944**)
17 1027 1073 1091 1148

Bw Morgenroth 4/1944**)
17 1118

Die Maschinen versahen Dienst auf allen schlesischen Hauptbahnen und kamen später auch an untergeordnete Bws. Den Schlesiern lassen wir die Hannoveraner folgen, die Dienst auf den Strecken Hannover—Berlin, Hannover—Hamm, Hannover—Hamburg sowie nach Mitteldeutschland versahen.

RBD Hannover
Bw Lehrte 11. 3. 1930
17 1069 1074 1106 1137 1154 1170 1171

Bw Stendal 11. 3. 1930
17 1107 1108 1109 1110 1172 1173 1174 1191

1933/34 kamen zum
Bw Hannover Hbf
17 1011 1012 1031 1033 1034 1038 1074 1105 1137 1179 1180

Beim Bw Oldenburg befanden sich für Dienstleistung auf der Strecke Bremen—Oldenburg—Wilhelmshaven:

---

*) Freundlichst mitgeteilt von Herrn Schroeder.
**) Freundlichst mitgeteilt von Herrn H. W. Scharf.

RBD Oldenburg (ab 1934 RBD Münster)
Bw Oldenburg 1935
17 1023   1048   1049   1058   1086   1122

1932/34 hatte auch das Bw Cottbus vorübergehend S 10¹ bekommen, obwohl dort die S 10² früher und später zu Hause war. Hier greifen wir abermals in die dreißiger Jahre über, die dem nächsten Zeitabschnitt angehören, genauso wie die Gruppe West der RBD Essen.

RBD Halle
Bw Cottbus 1932/34
17 1033   1034   1036   1039   1080   1090   1145   1146   1147

RBD Essen
   Bei den *Bw Dortmunderfeld, Duisburg Hbf* und *Hamm* waren 1934/35 u. a. folgende Loks beheimatet:
17 1001   1005   1008   1010   1020   1021   1024   1036   1039   1057   1059   1080
   1090   1093   1095   1144   1150   1151

S 10¹ waren auch viele Jahre in Altona und Kiel stationiert, die Strecken nach Berlin, Hamburg und Flensburg sind regelmäßig von ihnen befahren worden. Die RBD Schwerin versah den Dienst vor den Zügen nach Stettin und Berlin.

RBD Altona
Bw Altona 15. 2. 1933
17 1062   1068   1073   1164   1198   1199   1200   1201

Bw Kiel 15. 2. 1933
17 1061   1063   1070   1071   1072   1089   1149

RBD Schwerin
Bw Neubrandenburg 1931
17 1006   1007   1009   1018

Bw Rostock   1931
17 1019   1025   1044   1098

Bw Schwerin 1. 7. 1938
17 1025   1092   1112

Die Bedeutung unserer S 10¹ für Berlin haben wir schon mehrfach genannt. Den Leser wird gewiß eine Zusammenstellung der in diesem Raum vorhandenen Lokomotiven interessieren.

RBD Berlin
Bestand an S 10¹-Lokomotiven

1925	63
1. 4. 1933	44
1. 1. 1936	37
1. 8. 1937	33
1. 1. 1939	33

Bw Anhalter Bhf 1931
17 1133 1134 1141 1142 1143 1175 1176 1177
16. 7. 1935/1. 8. 1937/1. 1. 1939
17 1126 1133 1141 1142 1143 1176 1177

Bw Lehrter Bhf 1931
17 1140 1161 1162 1163
1. 8. 1937/1. 1. 1939
17 1134 1140 1161 1175 1185

Bw Karlshorst 1931
17 1124 1125 1126 1127 1128 1129 1136 1138 1139 1156 1158 1166
     1167 1169 1185 1189 1196 1209
1936/37
17 1124 1127 1136 1138 1156 1167 1169 1189 1209

Bw Grunewald 1931
17 1020 1059 1060 1091 1092 1093 1094 1096 1097 1111 1112 1202
     1203 1204 1205 1206
1936/37
17 1125 1129 1139 1158 1162 1163 1166 1202 1203 1204 1205 1206

Der Stern der S 10¹ verblaßte mehr und mehr im Jahre 1933. Das Datum läßt sich sogar ziemlich genau bestimmen. Es fällt mit der Lieferung der ersten 03-Lokomotiven an die Bw Grunewald und Karlshorst zusammen. Einbrüche in traditionelle S 10¹-Pläne hatte es bereits 1925 gegeben, als das Bw Anh. Bhf die ersten P 10 bekam und 1928, als die ersten 01 nach dem Anhalter und Lehrter Bahnhof kamen. Das mochte noch angehen, der Verkehrszuwachs hätte von den S 10¹ sowieso nicht allein bewältigt werden können. 1930 verzeichnete dann Schneidemühl einen starken Abgang nach Hannover wegen 03-Anlieferung. Als dann aber auch die Stamm-Bw der S 10¹, Grunewald und Karlshorst, 03er bekamen, schien es mit ihrer Domäne vorbei. Nach und nach wanderten sie aus ihren alten Einsatzgebieten ab und wurden zu Reservediensten und Aushilfsleistungen verurteilt, sofern sie nicht in Eilzugplänen eine ausreichende Beschäftigung fanden.

So rechnen wir ihre letzte Epoche von 1933 bis 1950. Noch fehlte es auch während dieser Zeit nicht an besonderen Leistungen. Einige haben wir erwähnt, auch daß die S 10¹ noch immer aushilfsweise in FD-Plänen liefen und zu Schnellfahrten herangezogen wurden. Aber das waren einzelne Maschinen — das Gros lebte vom Eilzugdienst und von Vorspannleistungen. Bei der RBD Essen wurden sie sogar im Ruhr-Schnellverkehr eingesetzt, also vor leichten, aus Abteilwagen bestehenden Zügen. Gleiche Dienste versahen die P 8 und die T 12, eine illustre Gesellschaft!

Dieser Wandel erfolgte zwangsläufig. Die S 10¹ beider Spielarten waren um 1933 vollständig abgewirtschaftet. Jetzt rächte sich jahrelange Überbeanspruchung. Die Kessel erforderten komplette Erneuerung. „Damals hätten die S 10¹ bereits ausgemustert gehört, sie waren vollständig abgefahren", schreibt K. J. Harder, „17 1026 stand 1938 fast ein Jahr im Ausbesserungswerk wegen eines gerissenen Zylinders. Es fehlte überall an Ersatzteilen. Nur der damals bereits fühlbare Mangel an Lokomotiven ließ sie weiter im Erhaltungsbestand verbleiben."

Im leichten Dienst konnten sie geschont werden. Wir erinnern daran, daß gegen Ende der dreißiger Jahre die Neubekesselung anlief, die ihren Einsatzwert erheblich steigerte. Jedenfalls standen unsere Lokomotiven während der Nazi-Zeit nicht sehr hoch im Kurs. Die Überbewertung der neuen Einheits-Schnellzuglokomotiven ist allgemein bekannt — sie waren ja auch relativ neu. Nazi-Größen ließen ihre Sonderzüge nur mit 01- oder 03-Maschinen bespannen. Es ist kein Fall bekannt, daß eine S 10¹ jemals einen Sonderzug Hitlers gezogen hätte. Man wählte für diesen Zweck eher Planlokomotiven und ließ dafür die Reserve-S 10¹ die Reisezüge übernehmen.

Dessenungeachtet gab es auch um diese Zeit noch keine großen Verschiebungen. Die Lokomotiven blieben über Jahre hinweg ihren alten Stamm-Bw treu. Wir verweisen auf die Betriebsbuchauszüge Seite 126, die erkennen lassen, wie wenig bewegend das Dasein dieser Maschinen im Grunde gewesen ist.

Die „Eilzugepoche" ging im Jahre 1938 zu Ende. Der „Anschluß" Österreichs, die Besetzung des Sudetenlandes und der Einmarsch in die Tschechoslowakei ließen den Lokomotivbedarf rapide ansteigen. Das erst recht, als 1939 der Krieg begann. Unsere nun schon fast 30 Jahre alten Maschinen rückten wieder in die erste Garnitur auf. Wir finden sie in den Jahren bis 1945 sowohl im schweren Dienst vor Plan-D-Zügen, Fronturlauberzügen, aber auch vor Eil-, Personen-, selbst Güterzügen. Jetzt gab es laufend Verschiebungen, die Maschinen mußten vor allem in den Ostgebieten aushelfen, wo noch immer 17 t Achslast die oberste zulässige Grenze bildeten. Sie tauchten auch zeitweise in Oderberg, Ratibor, Hirschberg, Morgenroth und anderen Bw auf. 1940 wurden die 20 polnischen S 10¹ von der DR übernommen und mit neuen Nummern versehen. Die Maschinen waren übrigens auch in Polen im hochwertigen Reisezugdienst eingesetzt gewesen. Ihr Einsatzgebiet blieben die Bw von Danzig, Bromberg und Posen, wo sie Schnellzüge nach Ostpreußen und Schlesien beförderten.

Die 22 Elsässer fielen ebenfalls unter deutsche Verwaltung, blieben aber ihrem Stammland treu. Die Mehrzahl befand sich beim Bw Metz. Die Franzosen waren sehr zufrieden mit ihnen, sie haben später noch bis in die fünfziger Jahre Dienst getan. Die Schnellzüge Metz—Paris wurden jahrelang mit ehemals preußischen S 10¹-Lokomotiven gefahren. Nur die Lok AL 1104 hat es 1945 auf die andere Rheinseite verschlagen.

1941 wurden auch die 3 Belgier übernommen. Was für die Elsässer galt, trifft genauso für diese zu. Trotz ihrer geringen Stückzahl standen sie hoch in Ehren. Sie waren in

Brüssel-Schaerbek zu Hause und fuhren regelmäßig nach Ostende. Nach Angaben von H. W. Scharf sollen sie 1944 nach dem Osten abgefahren sein, wo sie verschollen sind. Vermutlich blieben sie bei der Polnischen Staatsbahn.

Eine interessante Umwälzung im Bestand der S 10^1 vollzog sich in den beiden letzten Kriegsjahren. In dem Maße, wie Einheitslokomotiven nach dem Osten abgegeben wurden, kamen S 10^1 nach dem Westen, interessanterweise aber die meisten von der Bauart 1914. Es ist nicht bekannt, ob das Zufall war oder höheren Ortes ein Verehrer diese Maschinen vor dem Zugriff des Ostgegners in Sicherheit bringen wollte. Tatsache ist, daß von den Lokomotiven der Bauart 1914 sich bei Kriegsschluß fast alle außer 17 1158, 1176, 1177, 1198 und 1199 auf dem Gebiet der heutigen Bundesrepublik befanden.

Das Lokomotivverzeichnis enthält leider Lücken in der Verbleib-Spalte. Wir müssen vermuten, daß diese Lokomotiven, soweit sie nicht den Wirren der letzten Kriegstage zum Opfer fielen, in Polen geblieben sind. Augenzeugen berichten jedenfalls, daß nach 1945 im heutigen Polen zahlreiche S 10^1-Lokomotiven in Betrieb standen. Infolge der dem Ostblock eigenen krankhaften Spionagefurcht läßt sich über diese Maschinen nichts erfahren, die Lücken im Verzeichnis werden vermutlich nie geklärt werden. Wie wir aus unseren Verzeichnissen entnehmen konnten, war 1945 ein ansehnlicher Teil S 10^1-Lokomotiven im Gebiet der damaligen sowjetischen Besatzungszone verblieben. Das waren vielfach Lokomotiven, die noch 1944 bei der RBD Danzig nachgewiesen wurden.

RBD Danzig 31. 12. 1944
17 1008 1009 1012 1021 1024 1028 1029 1036 1038 1039 1059 1071
1074 1082 1108 1218 1250 1251 1254 1255 1256 1257 1259
1119 und 1149 mit unbekanntem Heimat-Bw

Sie haben also den Rückzug mitgemacht und befanden sich beim Einmarsch der Roten Armee bei allen möglichen Bw, zum Teil auf kleinen Bahnhöfen abgestellt. Über ihre Auferstehung soll in einem besonderen Kapitel berichtet werden, stellen sie doch die vierte Epoche ihres Maschinenlebens dar.

Drei Lokomotiven aus dem Raume Stargard hat es nach Österreich verschlagen. Es waren dies die 17 1004 (Bw Stargard), 1089 (Bw Stargard) und 1099 (Lokbhf. Goßlershausen). Sie kamen im März in einem Lokomotivzug aus dem Osten im Bahnhof Schönwies bei Landeck in Tirol an, standen dort zunächst herum, bis sie 1950 wieder instand gesetzt und in Betrieb genommen wurden. Der Lokomotivmangel in Österreich zwang dazu. Das Interessante dabei ist, daß diese drei S 10^1-Maschinen in gemeinsamen Dienstplänen mit der ÖBB 214 und 310 in Wien West Dienst versahen. Oft konnte man Preußen und Österreichern in Doppeltraktion begegnen, und Garbe hätte sich wohl nie träumen lassen, daß eine seiner Preußen einmal mit einer Gölsdorf-Schöpfung zusammen Dienst verrichten würde.

Sie blieben Fremdlinge in Österreich und gewannen keine sonderliche Beliebtheit. 1952 kamen sie zum Bw Amstetten, wo sie 1957 ausgemustert wurden. Ihre alten Betriebsnummern haben sie bis zum Schluß behalten, vor die 17 wurde lediglich eine 6 gesetzt.

So steht diese Epoche — für die in Westdeutschland verbliebenen Maschinen die letzte ihres Daseins — im Zeichen des Braunhemdes. Marschstiefel dröhnten an ihnen vorüber und „Landser" hasteten mit schwerem oder leichtem Gepäck an ihnen vorbei. Dann kamen die Flüchtlinge. Zuletzt waren es Besatzungstruppen, die, lässig die „Camel" im Mundwinkel, diese komischen „German engines" betrachteten. Vier Zylinder — so etwas hatten die US-Railroader noch gar nicht gesehen. Die von der anderen Seite, die ihren Machorka in Zeitungspapier rollten, übrigens auch nicht.

Damit sind wir mit der Geschichte der westlichen S 10¹ am Ende. Es kam sang- und klanglos. Die meisten Lokomotiven standen kalt herum, die wenigen, die noch Dienst versahen, folgten alsbald. Die drei Westzonen verfügten über genügend Lokomotiven, man brauchte diese alten Dinger nicht. Der Leser möge aus unseren Verzeichnissen die Ausmusterungsdaten entnehmen, sie lagen alle zwischen 1946 und 1950. Eine Maschine blieb allerdings noch eine Weile erhalten. Es war dies die Lok 17 1075, die in der Lok-führerschule Wuppertal als Anschauungsobjekt teilweise aufgeschnitten diente. Auch aus den Reihen der S 10², die ebenfalls sämtlich im Westen verblieben waren und zur gleichen Zeit ausgemustert wurden, blieb eine Lok erhalten, die Krefelder 17 218. Sie stand in Troisdorf bei Köln. Mit Wegfall der Ausbildungsstätten für Dampflokführer verloren diese Objekte ihren Sinn. 17 1075 verkam Ende der sechziger Jahre auf einem Gleis-stutzen in Wuppertal. Sie dürfte den Weg allen alten Eisens gegangen sein, so wie ihre Schwestern zwanzig Jahre früher.

Ein letztes Mal machte die S 10¹ in den Westzonen von sich reden, als 50 Maschinen der Bauart 1914 im Jahre 1951 als Schrott nach Jugoslawien geliefert werden sollten. Sie wurden in München-Ost zusammengezogen und dort für die lange Reise lauffähig hergerichtet. Das dürfte wohl das erste und auch letzte Mal gewesen sein, daß preußische Schnellzuglokomotiven in München aufgetaucht sind. Dem Eisenbahnfreund, der sich noch daran erinnern kann, wird die Passage der Maschinen durch München unvergessen sein. Nachstehend ihre Betriebsnummern.

Als Schrottexport wurden die S 10¹ wie folgt nach Jugoslawien abgefahren:

Zug 1	17. 7. 1951	17 1191	1171	1167	1208
Zug 2			1169	1166	1189	1134
Zug 3			1204	1144	1142	1196
Zug 4			1130	1206	1192	1205
Zug 5			1139	1136	1143	1202
Zug 6			1194	1182	1195	1155
Zug 7			1203	1138		
Zug 8			1179	1129	1188	o. Nr.
Zug 9			1186	1124	1140	1127
Zug 10			1209	1164	1201	1159
Zug 11			1157	1162	1184	1200
Zug 12			1154	1193	1160	1132
Zug 13	8. 3. 1952		1183	1168	1207	1187

Alle Lokomotiven Bw München-Ost.

Laufweg: München-Ost—Ludwigsfeld—Freilassing—Salzburg—Schwarzach-St. Veit—
Villach—Rosenberg (Grenze).

Der heimliche Wunsch aller Verehrer dieser schönen Maschinen, die Serben möchten
sie wieder in Betrieb nehmen, erfüllte sich nicht. Sie wanderten alle 50 in die Schmelz-
öfen von Marschall Titos Stahlwerk.

Die Elsässer, nunmehr in die Reihe 230 G der SNCF eingeordnet, haben bis etwa
Mitte der fünfziger Jahre Dienst verrichtet (vgl. Bild 112). Dann wurden auch sie abgestellt und ausgemustert.

Das Schicksal hat die S 10¹-Lokomotiven nicht in dem Maße in Europa umhergetrieben
wie andere Loktypen, denken wir beispielsweise an die preußische P 8. Dennoch reicht
ihr Einsatzgebiet von der polnisch-russischen Grenze im Osten bis zum Atlantischen
Ozean und tief nach Frankreich hinein. Sie liefen von der nördlichen und östlichen
Reichsgrenze bis zur Westgrenze. Nur in Richtung Süden war ihnen die Main-Linie
tabu. Vor dem Ersten Weltkrieg durften sie dieselbe einige Jahre lang bei Lichtenfels,
Richtung Nürnberg, passieren. Dann jedoch nicht wieder. Schade, so haben bayerische,
württembergische und badische Eisenbahnfreunde sie nie kennengelernt — die S 10¹.

Nachstehend noch einige Betriebsbuchauszüge, die uns Herr H. W. Scharf freundlicher-
weise übermittelt hat.

17 1171
Abnahme: 26. 3. 1915
27. 3. 15— 6. 27 Bw Stendal
   ?— ?
   ?— 5. 28 Bw Stendal
 5. 28— 2. 40 Bw Lehrte
 3. 40—11. 46 Bw Hannover Hbf
11. 46   Zerlegt
14. 8. 50   Ausgemustert
1951 als Schrott nach Jugoslawien abgefahren

17 1173
Abnahme: 12. 4. 1915
 4. 15—5. 36 Bw Stendal
 5. 36—5. 47 Bw Hannover Hbf
14. 8. 50   Ausgemustert
14. 3. 52   Zerlegt

17 1191
Abnahme: 21. 5. 1915
 5. 15—8. 35 Bw Stendal
 8. 35—9. 46 Bw Hannover Hbf
14. 8. 50   Ausgemustert
 1951   als Schrott nach Jugoslawien abgefahren

Bild 99   Lok 17 1108, 1947 in einer veränderten Welt als Kurierlok des RAW Stendal. (Erläuterung auf Seite 165)

(Foto: Baumberg)

Bild 100   17 1251, aus Polen zurückgeführt, abgestellt 1946. (Erläuterung auf Seite 165)   (Foto: Baumberg)

Bild 101   Die Kohlenstaubzeit beginnt. Lok 17 1114 im Bw Cottbus. (Erläuterung auf Seite 165)   (Foto: Illner)

Bild 102 Ungewohnt das Bild mit dem mächtigen Kohlenstaubbehälter auf dem alten Tender. Lok 17 1071, 1960 in Cottbus fotografiert
(Foto: Lindemann)

Bild 103 17 1119 mit dem Kohlenstaub-Kondenstender und geänderter Vorderpartie, 1959 aufgenommen (Foto: Lindemann)

Bild 104 Was man aus einer alten Maschine alles machen kann! Kaum wiederzuerkennen ist die 11er Bauart, wenn man sich auch architektonisch etwas einfallen läßt. Wegen des auf der linken Seite liegenden, zum Kondenstender führenden, Abdampfrohres mußte die Speisepumpe ganz vorn unten neben die erste Laufachse verlegt werden. Und was noch interessiert: Die Lok 17 1119 war blau gestrichen! (Foto: Archiv)

Bild 105 17 1074 mit Kohlenstaubfeuerung vor P-Zug in Frankfurt/Oder 1959 (Foto: Heydenreich)

Bild 106 Abgestellt im Bw Cottbus 1960 (Foto: Lindemann)

Bild 107 Von der Bauart 1914 waren nur wenige Maschinen bei der DR verblieben. 17 1198 erhielt ebenfalls Staubfeuerung. Aufnahme 1956 im Bw Cottbus (Foto: Lindemann)

Bild 108   Lok 17 1104 mit Kohlenstaub-Langlauftender war auf der Leipziger Messe 1954 ausgestellt   (Foto: Rethel)

Bild 109   Blick von hinten auf den Zusatz-Staubwagen   (Foto: Rethel)

Bild 110   Dieses Schild war am Tender befestigt
(Foto: Rethel)

Bild 111   Letzter Betriebszustand der Lok 17 1104, aufgenommen 1956 in Cottbus   (Foto: Lindemann)

Erinnerungen an eine Zeitgenossin meiner Jugend

Von Arnold Haas

Als gebürtiger Berliner hatte ich schon von frühester Kindheit an Gelegenheit, die hervorragenden preußischen S 10¹-Schnellzuglokomotiven zu sehen. Das nicht nur auf fast allen Berliner Fernbahnhöfen, sondern erst recht vom Balkon unserer Wohnung in der Altonaer Straße aus, wo in nur 60 Meter Entfernung die Gleise der Stadtbahn die Straße überquerten. Diese formschöne und elegant aussehende Lokbauart samt ihrer großen Leistungsfähigkeit beeindruckten mich schon seit frühester Jugend. Wie scheinbar mühelos konnte sie einen schweren D-Zug in Gang setzen und auf hohe Geschwindigkeit bringen. Wie oft hatte ich Gelegenheit, das zu erleben, und welch große Freude empfand ich doch jedesmal, gleich ob ich auf dem Bahnsteig stand, meine Beobachtungen vom Zugfenster aus machte oder später sogar vom Führerstand der Lok selbst.

Als ich fünfzehn Jahre alt war (1929) und mir bereits ausführliche Kenntnisse über Bau und Betrieb der Dampflok erworben hatte und aus Unterhaltungen von Lokpersonalen nur größtes Lob über die S 10¹ hörte, lernte ich sie erst richtig schätzen. Sie wurde für mich die Königin des Schienenstranges, meine liebste Lokbauart, und ich versäumte keine Gelegenheit, sie zu sehen, sei es auch nur für ein paar Sekunden vom Balkon aus auf der Straßenüberquerung.

Als Anfang der dreißiger Jahre immer mehr Lokomotiven der Baureihe 03 auf der Bildfläche erschienen, um die angeblich „veralteten" S 10¹ zu ersetzen, blieb meine Liebe unverändert. Sie blieb für mich — und ist es auch heute noch — eine moderne, neuzeitliche Lokbauart. An Leistung kam sie der größeren 03 sehr nahe, manche sagten sogar, sie sei ihr ebenbürtig. So fuhren zum Beispiel bis 1937 03 und S 10¹ gemeinsam im „großen" Dienstplan des Bw Karlshorst (Rga), darunter alle Fernschnellzugpaare zwischen Berlin-Stadtbahn und Hannover, wobei beide Lokbauarten nach Aussagen der Lokführer oft bis an die Grenze ihrer Leistungsfähigkeit beansprucht wurden. Die S 10¹ mußten dabei die gleichen Leistungen vollbringen wie die 03, wobei sie im Verbrauch von Wasser und Kohle noch sparsamer als diese waren. Die lange, schmale Feuerbüchse mit ihrer großen Strahlungsheizfläche verlieh ihrem Kessel eine Verdampfungsfähigkeit per m² Heizfläche, die größer als bei der 03-Bauart war. Der höhere Wärmewirkungsgrad ihres Kessels und das ausgezeichnet gelungene Vierzylinder-Verbund-Triebwerk stellten die Gründe dar für die annähernde Leistungsgleichheit mit der größeren 03. Man konnte der S 10¹ daher ohne weiteres viel schwerere Zuglasten zumuten, als nach der Leistungstabelle des „Merkbuches" vorgesehen war. Um ihre Leistungsfähigkeit noch weiter zu steigern, wurde bei einer Anzahl Maschinen der Bauart 1914 der Kesseldruck von 15 auf 16 atü erhöht.

Recht erstaunt war ich allerdings, als ich einmal während einer Fahrt auf dem Führerstand der Lok 17 1167 feststellte, daß die Sicherheitsventile erst in Aktion traten, als die Nadel des Kesseldruckmessers 18 atü anzeigte.

Bis zur Ankunft der ersten 03-Lokomotiven waren im Bw Karlshorst nachstehende Maschinen stationiert: 17 1124, 1125, 1126 (mit Speisedom), 1127, 1128, 1136, 1156, 1158, 1166, 1167, 1169, 1185, 1189, 1196 und 1209, also eine stattliche Reihe.

Jeden Nachmittag konnte man eine S 10¹ auf dem Bahnhof Charlottenburg in Berlin sehen, die dort in Reserve stand. Gewöhnlich brachte sie den D 14 über die Stadtbahn und erreichte Charlottenburg gegen 14 Uhr, wo der Zug für die Weiterfahrt nach dem Westen von einer 01-Lok übernommen wurde. Dann stand sie gewöhnlich am östlichen Ende des Bahnsteigs B (Richtung Westen) auf einem Abstellgleis, während sich das Personal in einem kleinen Häuschen auf dem Bahnsteig aufhielt. Abends, gegen 20.30 Uhr, fuhr die Lok zum Drehen nach dem Bw Grunewald, kehrte bald zurück, um den gegen 21.20 Uhr aus dem Westen eintreffenden D 13 über die Stadtbahn zu befördern. Bekanntlich durften die 01-Lokomotiven des Bw Hannover nur bis Bahnhof Charlottenburg fahren, da für die Ferngleise der Stadtbahn noch keine 20 t Achslast zugelassen war.

Hier auf dem Charlottenburger Bahnhof machte ich viele Bekanntschaften mit Lokmännern des Bw Karlshorst. Eine davon entwickelte sich zu einer echten Freundschaft. Nicht nur, daß ich alle 16 Tage die Herren Oberlokführer Max Michaelis und seinen Heizer Reservelokführer Willi Bertram begrüßte, wir besuchten uns auch zu Hause, und ich lernte die Familien der beiden Männer kennen. Michaelis und Bertram versahen Dienst auf den Loks 17 1136 und 1167, später auf Lok 03 100. Das höchste Erdenglück bestand für mich darin, wenn mir Herr Michaelis abends am Ausfahrtsignal des Bahnhofs den Regler seiner S 10¹ übergab und ich die Lok nach Grunewald fahren durfte. Ich fühlte mich im siebenten Himmel, wenn ich die Steuerung ganz auslegte, den Hebel des Druckausgleichers auf Mittelstellung brachte, wodurch Frischdampf in den Verbinder gelangte, und ich dann vorsichtig den Regler öffnete. Nach einer Radumdrehung drückte ich den Hebel des Druckausgleichers wieder zurück, so daß die Maschine auf Verbundwirkung arbeitete, kurbelte das Handrad der Steuerung auf etwa 4/10 und öffnete den Regler etwas weiter. Im Schieberkasten hatten wir 10, im Verbinder 3 atü Druck. Natürlich betätigte ich auch den unteren Hebel, der die Zylinderentwässerungshähne — wir sagten kurz „Zischhähne" — öffnete; nach dem langen Stehen im Bahnhof mußte das in den Zylindern angesammelte Kondenswasser entfernt werden. Kurz vor dem Bw übergab ich die Lok wieder ihrem Führer, der sie dann vorsichtig auf die Drehscheibe bugsierte. Nach dem Drehen durfte ich die Lok wieder zurück nach Charlottenburg fahren. Wenn das Einfahrtsignal zufällig auf Halt stand, bremste ich meist viel zu früh. Vor dem Bremsen hatte ich immer Angst und überließ dieses Geschäft lieber dem Lokführer. Auch die Kohlenschaufel lernte ich schwingen und war stolz, wenn die Nadel des Manometers sich dem roten Strich näherte oder ihn gar erreichte, wenn der Kohlenwurf gut gezielt war und die Kohle auf die Stelle im Rost fiel, wo sie tatsächlich hin sollte. Im Vergleich zu vielen anderen Lokbauarten ließ sich die S 10¹ sehr leicht feuern, obwohl die Heizer oft über „Blumenerde" klagten, wie schlechte Kohle scherzhafterweise genannt wurde.

Niemals in meinem Leben werde ich einen Sommernachmittag des Jahres 1933 vergessen. Die Ferien hatten begonnen, mit ihnen die Hauptreisezeit. Ich stand auf dem Fernbahnsteig B des Bahnhofs Charlottenburg. Gegen 17.20 Uhr lief der D 23 (Paris—Berlin—Warschau) mit 2 Lokomotiven, Baureihe 01, bespannt aus Hannover ein. Ich zählte 17 Wagen. Die beiden neuen, schweren 01er wurden abgekuppelt, und eine einzelne S 10[1] — es war die 17 1031 des Bw Frankfurt/O Pbf — kam vor den Zug und machte Bremsprobe. Eine Minute später ertönte der Abfahrtspfiff — es ging los!

Steuerung auf rückwärts — HD-Zylinder-Druckausgleicher auf — Regler auf — die mächtigen Treibräder rollen einen Meter zurück — schon kurbelt der Führer die Steuerung schnell auf vorwärts — die Schieberschubstange senkt sich weit unter den Schwingenmittelpunkt — Regler wieder auf — pfätsch — ein Strahl schneeweißen Dampfes schießt aus dem Verbindersicherheitsventil rechts oben an der Rauchkammer gen Himmel — die Räder greifen — wollen schleudern — Sand — Regler zu — wieder auf — die Lok zittert vor übergroßer Anstrengung — ganz langsam geht es vorwärts — ein dumpfer, scharfer Schlag — noch einer — noch einer — der große Hebel über dem Steuerbock wird nach vorn gedrückt — das Verbindersicherheitsventil schweigt — der nächste Auspuffschlag kommt nur wie ein Hauch — die nächsten werden stärker und schneller — jetzt werden die Zischhähne geöffnet, weiße Dampfwolken quellen unten und oben aus der Lok — jetzt nur noch oben, der Zug rollt — der Auspuffschlag wird immer schärfer, schneller — die Schieberschubstange geht wieder in die Höhe bis kurz unter den Schwingenmittelpunkt — der Lokführer öffnet den Regler weit — schon poltert der letzte Wagen am Bahnsteig vorbei — langsam entschwindet der Zug — in der Ferne bläst die Lok turmhohe weiße Dampfwolken gen Himmel — das scharfe Auspuff-Stakkato ist weithin zu hören, die brave 17 1031 ersetzt mit der Würde einer Königin zwei 01-Kolleginnen. Die 17 Wagen rollen schneller und schneller, viermal wiederholt sich noch die Prozedur, auf Bahnhof Zoo, Friedrichstraße, Alexanderplatz und im Schlesischen Bahnhof. Danach müssen die 17 Wagen auch noch auf Schnellzuggeschwindigkeit gebracht werden. Die Last ist viel zu schwer für die leichte Maschine, dennoch zeigt sich die S 10[1] als echte Schnellzuglokomotive.

Kaum war der Zug meinen Blicken entschwunden, als ich die Treppen des Fernbahnsteigs herunterraste und hinauf zum Bahnsteig C galoppierte, wo die Stadtbahnzüge nach dem Osten abfuhren. Welch ein Glück, einen Augenblick später läuft ein Zug nach Erkner ein. Der elektrische Triebzug, der immer parallel zu den Ferngleisen fährt, beschleunigt natürlich viel schneller. Ich fiebere vor Erregung, richtig, zwischen den Bahnhöfen Tiergarten und Bellevue holen wir den D 23 mit seiner schwer arbeitenden 17 1031 ein, wir überholen ihn langsam, so daß ich die Lok genau beobachten kann. Der Regler ist weit geöffnet, ein Blick auf die Stellung der Schieberschubstange in der Schwinge — die Steuerung ist auf 45—50 % ausgelegt — der scharfe Auspuffschlag klingt während der Vorbeifahrt wie Musik in meinen Ohren. In Friedrichshagen steige ich aus und warte auf „meinen" Zug. Ich muß doch wissen, ob er am Schlesischen Bahnhof Vorspann erhalten hat oder Wagen abgehängt wurden. Schon nach kurzer Zeit kommt die brave 17 1031 im 100-Kilometer-Tempo angedonnert, ohne Vorspann, mit dem gleichen 17-Wagen-Zug, den sie in Charlottenburg übernommen hatte.

Ich sehe das Bild noch heute vor mir, ein Erlebnis, das man einfach nie vergißt, eine kaum vorstellbare Höchstleistung dieser Lok, die sogar einer viel größeren und schwereren „Hudson" der New York-Central-Bahn zur Ehre gereicht hätte. Der D 23 war ein internationaler Schnellzug. Hinter dem Postwagen lief ein Packwagen mit dem flachen Dach der französischen Nordbahn, dann folgten deutsche, französische und polnische D-Wagen. Die letzten beiden Wagen an diesem Tage waren vierachsige preußi-sche Abteilwagen.

An einem Augustnachmittag des Jahres 1933, als ich wieder einmal „meiner" Lok-mannschaft auf dem Bahnhof Charlottenburg einen Besuch abstattete, klagte mir Ober-lokführer Michaelis sein Leid. Sein einziger Sohn Alfred, Schüler der Unterprima des Realgymnasiums, focht einen aussichtslosen Kampf mit der Mathematik. Der Klassen-lehrer hatte unmißverständlich mit Sitzenbleiben gedroht, falls sich die Leistungen nicht bessern sollten. Denn nach Oberprima wurden nur Schüler versetzt, von denen man ein Bestehen des Abiturs erwarten konnte.

Mathematik — das war ausgerechnet das Fach, in welchem ich — wie man so sagt — auf der Höhe war und auch schon Nachhilfe gegeben hatte. So kam, was kommen mußte. Ich bot sofort Herrn Michaelis meine Dienste an, am kommenden Sonntag besuchte ich die Familie und stellte fest, daß Alfred selbst grundlegende Kenntnisse fehlten. Wir einigten uns auf dreimal in der Woche zwei Stunden, wobei gleich noch etwas Hilfe-stellung in Physik und Latein eingeschlossen wurde. Das Schicksal meinte es gut mit mir, bald konnte Alfred dem Unterricht folgen, und die Familie spürte den Fortschritt, den wir machten. Trotz wiederholten Drängens wollte ich aber keine Bezahlung von Oberlokführer Michaelis annehmen, ich war so froh, ihm meine Dankbarkeit beweisen zu können, daß er mich zwischen Charlottenburg und Grunewald fahren ließ. Der gute Mann zögerte auch nicht, mir wo es nur anging, eine Freude zu machen.

„Wenn Sie wollen, können Sie mit mir den P 234 bis Stendal fahren, ich habe alle 16 Tage diese Tour. Der Zug hat die Fahrzeiten eines Schnellzuges, es handelt sich um einen beschleunigten Personenzug und er ist oft ziemlich schwer, da muß die Lok ordentlich ran. Wenn er fährt, ist die Luft rein, um diese Zeit überrascht uns kein ‚Clown' (Maschinen-inspektor!), der uns mit überflüssigen Fragen belästigen könnte. Aber bitte, seien Sie nicht enttäuscht, wenn es mal nicht eine Ihrer geliebten S 10¹ ist, sondern einer unserer neuen 03er. Denn man hat mir vor kurzem die 03 100 zugeteilt." So Herr Michaelis.

Das Zugpaar P 234/233 verkehrte zwischen Berlin-Stadtbahn und Köln. Hinter der Lok liefen 2—3 Packwagen und Postwagen, der Rest bestand aus preußischen vierach-sigen Abteilwagen, wie sie früher für Eilzüge verwendet wurden. Der Zug verließ Bhf Zoo um 0.17 Uhr, Charlottenburg 0.26 Uhr, also kurz nach Mitternacht, und hielt in Spandau Hbf, Rathenow, Stendal (Ankunft 2.07 Uhr), Gardelegen, Oebisfelde, Isenbüttel-Gifhorn und Lehrte und traf gegen 4 Uhr in Hannover ein. Der Zug hatte auf den Bahnhöfen längere Aufenthalte als die D-Züge. Ein Vergleich mit dem D 2 (Berlin—Köln), der morgens in Berlin abfuhr und von einer 01 befördert wurde, ergab die gleiche Anzahl Haltepunkte wie der 234. Die Fahrzeiten zwischen den Stationen waren entweder gleich oder der P 234 lag um eine Minute schneller als der D-Zug.

Gewöhnlich bestieg ich die Lok auf dem Bahnhof Zoo. Im Augenblick, wo der Zug hielt, öffnete Herr Bertram die Tür zwischen Lok und Tender und reichte mir eine Handvoll Putzwolle. Im Augenblick bin ich auf der Lok, herzliche gegenseitige Begrü-ßung. Nach 1—2 Minuten ruft Bertram „Abfahren!", die Bremse ist gelöst, Sand-streuer auf, schon schiebt die linke Hand von Meister Michaelis — oder die meinige — den Regler auf. Das Wummern des scharfen Schlages hallt im Dunkel der Nacht besonders stark von den Häuserwänden zurück. Schon wird die Steuerung etwas eingelegt und der Regler weiter geöffnet. Wenn wir den Bhf Savignyplatz passieren, liegt die Steuerung bei der 03 auf 4/10 eingeklinkt, bei einer S 10[1] auf ca. 5/10, da eine Verbundlok größere Füllungen benötigt als eine Lok mit einfacher Dampfdehnung. Die Nadel des Schieberkastenmanometers zittert bei 12 atü, während bei der S 10[1] der Druck im Verbinder ca. 3[1]/2 atü beträgt. Natürlich hingen Einstellen der Steuerung und Öffnen des Reglers von der Schwere des Zuges ab (niemals weniger als 36 und niemals mehr als 52 Achsen!). Hinter Bahnhof Charlottenburg ging es bis Westkreuz eine Steigung 1:100 bis 1:80 hinauf, wo die Lok schwer arbeiten mußte. Mir allerdings lachte dabei das Herz im Leibe. Bald stellte ich durch eigene Erfahrung fest, daß das Anfahren mit einem Zuge am Haken längst nicht so einfach war, wie das Ingangsetzen einer einzeln fahrenden Lok. Einiges Schleudern konnte ich bei den ersten Versuchen nicht vermeiden, dann aber lernte ich die Handhabung des Reglers. Wenn ich zu zaghaft öffnete, geschah gar nichts, die Lok zog nicht an. Bei zu schnellem Öffnen begann die Maschine zu schleudern. Auch das Einlegen der Steuerung auf kleine Füllungsgrade erfordert viel Erfahrung, und erst viele Jahre später lernte ich bei meinen vielen Fahrten auf amerikanischen Dampflokomotiven, besonders der New York-Centralbahn, den Wert des „Valve Pilot" schätzen, einer Einrichtung, die dem Lokführer bei jeder Fahrgeschwindigkeit die optimale Füllung anzeigt.

Unser Personenzug erreichte auf freier Strecke 110—120 km/h Fahrgeschwindigkeit. Bei diesen Geschwindigkeiten hatten wir bei beiden Lokbauarten (S 10[1] und 03) rund 13[1]/2—15 atü Druck im Schieberkasten, der Druck im Verbinder bei der S 10[1] stieg bis auf 5 atü, die Steuerung war bei ihr dann gewöhnlich auf 35—38 % eingeklinkt, bei der 03 auf 25—30 % je nach Schwere des Zuges. Prinzipiell fuhr Michaelis keine S 10[1] unter 35 % und keine 03 unter 25 % Zylinderfüllung. Ich lernte schnell die Fahrweise des Meisters zu kopieren und fühlte mich stolz als „Lokomotivführer". Nur das Führerbremsventil galt mir als heilig, das habe ich niemals angefaßt, dieses Geschäft überließ ich dem Meister selbst. Die Zusatzbremse allerdings, die man bei Alleinfahrt der Lok benutzt, traute ich mir aber zu. Besonders gern hörte ich beim Anfahren mit einer S 10[1] das Heulen des in den Verbinder strömenden Frischdampfes, wenn der Druckausgleicher der Hochdruckzylinder geöffnet war und die HD-Kolben im Dampfe „schwammen".

Im Gegensatz zu den Anfahrvorrichtungen bei anderen Vierzylinder-Verbundlokomotiven, bei welchen alle vier Zylinder Frischdampf erhielten, war die der S 10[1] nur eine Anziehvorrichtung. Nach 1—2 Radumdrehungen mußte der Lokführer den Hochdruckzylinder-Druckausgleicher schließen, das heißt auf Verbundwirkung umschalten. In diesem Augenblick enthielt der Verbinder noch Frischdampf, während die HD-Zylinder bereits zu arbeiten begannen. Man konnte deutlich beobachten, daß die Lok mit Verbundwirkung kräftiger anzog als auf „Zwilling" mit den Niederdruckzylindern. Nur beim Stillstand waren die Flächen der Hochdruckkolben zu klein, um Lok und Zug in Bewegung zu setzen. Hatte nach 1—2 Radumdrehungen der in den HD-Zylindern nur wenig entspannte Dampf Gelegenheit, in den Verbinder zu strömen, um Arbeit in den ND-Zylindern zu leisten, während gleichzeitig die HD-Zylinder erneut

Frischdampf erhielten, dann arbeitete die Lok stärker als zuvor mit der Anziehvorrichtung. Bei niedrigen Geschwindigkeiten leisteten die HD-Zylinder die Hauptarbeit. Je höher die Geschwindigkeit, desto geringer wurde der Unterschied in der Arbeitsleistung zwischen HD- und ND-Zylindern. Nach Messungen des Versuchsamtes Grunewald kam es vor, daß bei hohen Geschwindigkeiten der Anteil der Arbeitsleistung der ND-Zylinder größer wurde als jener der HD-Zylinder. Einer der Hauptgründe für die große Leistungsfähigkeit und Wirtschaftlichkeit der S 10¹ und ihre Überlegenheit gegenüber den beiden anderen S 10-Bauarten lag in den geringeren Spannungsverlusten zwischen HD- und Verbinder bzw. ND-Zylinder, sowie der geringe Gegendruck in den ND-Zylindern durch wohlproportionierte Dampfwege und einer gut gelungenen Saugzuganlage, die sogar später bei Lok 17 1205 noch verbessert wurde.

Von Stendal fuhr ich gewöhnlich mit dem Gegenzug P 233 zurück, der kurz nach 4 Uhr Stendal verließ und gegen 6 Uhr in Berlin eintraf. Der Lokführer des P 233 hatte tags zuvor den FD 22 nach Hannover gebracht. Oft hatte Herr Michaelis vorher mit diesem Kollegen gesprochen, und ich war dann während der Rückfahrt Gast auf dessen Führerstand, anfänglich immer einer S 10¹, später jedoch meistens einer 03. Gern opferte ich meine Nachtruhe; wenn ich morgens gegen 6.30 Uhr zu Hause eintraf, dann half starker Kaffee wieder auf die Beine. Der versäumte Schlaf ließ sich allemal in der folgenden Nacht nachholen.

Meine Bemühungen um Alfred Michaelis waren von Erfolg gekrönt. Ostern 1934 wurde er nach Oberprima versetzt. Einen Tag nach Beginn der Osterferien erhielt ich einen Telefonanruf von Oberlokführer Michaelis. Er bedankte sich freudig bei mir für die Hilfe bei Alfred und rückte gleichzeitig mit einer freudigen Mitteilung heraus: „Kommenden Sonntag habe ich Zugpaar FD 26/25 und lade Sie ein, mit mir nach Hannover und zurück zu fahren. Wir wollen zusammen Alfreds Versetzung feiern. Seien Sie Sonntag früh um ½ 9 Uhr auf dem Bahnhof Zoo, aber lösen Sie diesmal nur eine Bahnsteigkarte, keine Fahrkarte für die Fahrt. Wir werden höchstwahrscheinlich eine S 10¹ haben."

Einer meiner schönsten Träume sollte Wirklichkeit werden. Noch niemals zuvor war ich mit einem Fernschnellzug gefahren und jetzt sollte es sogar auf dem Führerstand der Lok sein, noch dazu auf einer S 10¹. Allerdings wunderte mich, daß ich nur eine Bahnsteigkarte lösen sollte. Bisher steckte bei jeder Fahrt eine gültige Fahrkarte in meiner Tasche. Damals mußte man sogar im Wartesaal Stendal sein „Billett" vorzeigen, um sich bis zur Abfahrt des Berliner Zuges dort aufhalten zu können.

FD 26/25 verkehrte zwischen Berlin-Stadtbahn und Paris (Nord) und bestand aus 8 oder 9 Wagen. Er verließ Berlin-Zoo morgens um 8.39 Uhr und erreichte Hannover 11.19 Uhr. Der Gegenzug FD 25 dampfte um 20.47 Uhr in Hannover ab und traf um 23.15 Uhr in Zoo ein. Zwischenhalte gab es nicht. Für die 256 km lange Strecke betrug die Fahrzeit für den FD 26 160 Minuten, der Gegenzug FD 25 mußte mit nur 148 Minuten auskommen, der kürzesten Fahrzeit aller auf dieser Strecke verkehrenden Züge.

Ich war sehr aufgeregt, die Nacht vorher fand ich kaum Schlaf aus Angst, die Zeit zu verpassen. Herrliches Frühlingswetter herrschte an diesem Sonntagmorgen. Bereits um 8 Uhr stand ich am westlichen Ende des Fernbahnsteiges im Bahnhof Zoo, mitten über der Hardenbergstraße. Um 8.37 Uhr lief der 8-Wagenzug ein, geführt von Lok 17 1167 mit abblasenden Sicherheitsventilen. Kaum hielt der Zug, streckte mir Heizer Bertram schon die Putzwolle entgegen, unser vereinbartes Zeichen, daß die Luft „rein" sei und ich auf den Führerstand kommen könne. Bei diesem Zug mußte ich natürlich auf eine Probe meiner Fahrkünste verzichten, außerdem war es ja heller Tag.

Pünktlich um 8.39 Uhr hob der Aufsichtsbeamte den Befehlsstab und Herr Michaelis öffnete den Regler. Durch Charlottenburg ging es bereits im 60 km/h-Tempo, die Steuerung war auf etwas über 4/10 eingeklinkt, der Regler weit offen, als wir in die Steigung einfuhren. Die Geschwindigkeit verringerte sich nur wenig, die Sicherheitsventile säuselten weiter, zu meinem Erstaunen zeigte die Nadel des Kesseldruckmessers 18 atü. Durch Spandau Hbf ging es mit 90, und bei Staaken rasten wir bereits mit 120 km/h dahin. Die Nadel des Geschwindigkeitsmessers kam selten darunter, meist fuhren wir mit 125 km/h und verringerten die Geschwindigkeit nur dort, wo wir mußten. Z. B. beim Befahren der Elbebrücken, bei der Durchfahrt durch die Bahnhöfe von Stendal, Oebisfelde und Lehrte sowie bei einer La-Stelle. „Auf der Rückfahrt heute abend müssen wir uns mehr dazuhalten, da wir 12 Minuten weniger Fahrzeit haben", deutete Oberlokführer Michaelis bereits an. Mein unsicherer Blick auf das Schild an der Kesselrückwand „Größte Geschwindigkeit 120 km/h" mußte dem Meister aufgefallen sein, denn er beruhigte mich: „Das Schild ist bedeutungslos, die von der Lokleitung und vom Maschinenamt wissen, daß wir mit 120 km/h nicht auskommen, wenn wir die Fahrzeit halten wollen; eine S 10[1] kann ohne Schaden, wenn nötig, mit 140 km/h und darüber gefahren werden und leistet dasselbe wie die 03."

Die Steuerung blieb fast die ganze Zeit auf 35 % eingeklinkt, die Geschwindigkeit wurde mit dem Regler kontrolliert. In der Ebene genügten 12—13 atü Dampfdruck; kamen wir in leichtes Gefälle, wurde der Dampf auf 9 1/2—10 atü gedrosselt, im Schieberkasten gemessen. Ging es in eine leichte Steigung oder sollte die Geschwindigkeit erhöht werden, dann wurde einfach der Regler weiter geöffnet, der Schieberkastendruck stieg auf 15—16 atü. Dementsprechend betrug der Druck im Verbinder 3—5 atü. Ich stand meistens auf der rechten Seite bei Herrn Michaelis, nur wenn Herr Bertram mit der Schaufel hantierte, setzte ich mich auf seinen Platz, um aus dem Wege zu sein.

Pünktlich 11.19 Uhr liefen wir in Hannover Hbf ein. Doch dann kam erst die Überraschung! Meister Michaelis drückte mir 2 Fahrkarten 2. Klasse FD-Zug Berlin—Hannover und zurück in die Hand mit den Worten: „Die eine Fahrkarte geben Sie jetzt an der Sperre ab, mit der anderen kommen Sie heute abend durch die Sperre auf den Bahnsteig. Abfahrt 20.47 Uhr. Bis dahin auf Wiedersehen!" Schnell mußte ich von der Lok herunter, schon dampfte unsere gute 17 1167 in Richtung Bw davon. Eine 01 schob sich vor den Zug, ich blieb noch bis zur Abfahrt auf dem Bahnsteig.

Dann hatte ich einen ganzen Tag Zeit bis zum Abend. Nun, dem Eisenbahnfreund wird ein solcher Tag nicht lang. Erst säuberte ich mich im Waschraum, dann wurde gefrühstückt und schließlich gab es auf einem solch großen Bahnhof wie Hannover mehr als genug zu sehen. Die Zeit verging wie im Fluge. Doch erst 20.47 Uhr, als wir schon hätten abfahren müssen, traf unser FD 25, von einer 01 geführt, ein. Diese kuppelt ab und fährt davon, und dann rollt wieder die liebe 17 1167 rückwärts vor den Zug. Herr

Bertram gibt das Zeichen mit der Putzwolle, ich „springe" glückstrahlend auf den Führerstand. Während Herr Michaelis die Bremsprobe ausführt, mache ich ihm Vorhaltungen wegen der Fahrkarten, doch er schneidet alle Proteste kurzweg ab. Meine Nachhilfestunden seien für seine ganze Familie von unschätzbarem Wert gewesen, einen kleinen Ausgleich müßte ich ihm schon gestatten. Wenn der Mann gewußt hätte, daß mir die Fahrt mit dem FD doppelt soviel wert war wie die ganze Nachhilfe ... !

Das Ausfahrtsignal steht auf „Frei", mit 3 Minuten Verspätung, um 20.50 Uhr öffnet der Meister den Regler, und unser Fernschnellzug, der jetzt aus 9 Wagen besteht, verläßt Hannover. „Jetzt wird's ernst", erklärte der Lokführer, „12 Minuten kürzere Fahrzeit, 3 Minuten Verspätung einholen und dann noch einen Wagen mehr!" Das scharfe Hämmern des Auspuffs bewies, daß der Meister es wirklich ernst meinte, wir beschleunigten hervorragend, Dampf gab es jede Menge. Mit 110 km/h, dem höchstzulässigen Maß, brausen wir durch Lehrte, dann wird der Regler wieder bis zum Anschlag geöffnet, die Steuerung zwischen 35 und 40 % eingeklinkt und es geht mit 16 atü Schieberkastendruck davon. 120 — 130 — 135 km/h zeigt der Deuta-Geschwindigkeitsmesser, stellenweise kommen wir auf 140. Nur an den Stellen, wo Geschwindigkeitsbeschränkung vorgeschrieben ist, wird die rasende Fahrt gedrosselt, aber sofort geht es wieder auf 130. In Stendal haben wir die 3 Minuten Verspätung aufgeholt. Heizer Bertram leistet mustergültige Arbeit. Das Feuerbett glüht schneeweiß und zeigt keine dunklen Flecken, es ist völlig unmöglich, vor der geöffneten Feuertür zu verweilen, die Hitze ist zu stark. Der Kesseldruck ist während der ganzen Fahrt niemals unter 17,5 atü gesunken, im Verbinder haben wir bis zu 6 atü Druck, und der Pyrometer zeigt die für die S 10[1] enorme Heißdampftemperatur von 410° an. Erst kurz vor Berlin wird die Geschwindigkeit verringert. Durch Spandau West dürfen wir nur mit 100 km/h fahren. Wir nähern uns Charlottenburg; das Vorsignal zum Ausfahrtsignal steht auf Halt, der Meister bremst bis auf 30 km/h herab. Ein Blick auf die Uhr zeigt uns den Grund, es ist 23.08 Uhr, wir sind 3 Minuten zu früh. In letzter Minute vor dem Halt geht das Hauptsignal auf Grün, doch ohne Eile rollen wir weiter. Um 23.14 Uhr, eine Minute zu früh, halten wir im Bahnhof Zoo. Heizer und Lokführer klettern sofort von der Lok herab, die Lager zu inspizieren, doch nirgends zeigt sich ein Heißläufer, alles ist in bester Ordnung. Dann kommt eine letzte Freude, Herr Michaelis übergibt mir die Lok und ich darf den FD-Zug fahren. Doch als wir hochoben am Lehrter Bhf vorüberfahren, gebe ich sie wieder zurück — wegen des Bremsens. Im Bhf Friedrichstraße bedanke ich mich herzlich und verabschiede mich von den beiden Männern.

Zwischen Hannover Hbf und Charlottenburg haben wir 253 km in 138 Minuten zurückgelegt, das entspricht einem Reisedurchschnitt von 110 km/h, eine großartige Leistung der S 10[1], die ich nie vergessen werde. Und Oberlokführer Michaelis bestätigte mir hernach, daß keine 03 diese Leistung je hätte übertreffen können. Heute, nach über 37 Jahren, ist mir die Fahrt noch in allen Einzelheiten in Erinnerung, eine Fahrt auf der feinsten deutschen Schnellzuglokomotive, eine Erinnerung, die zu den schönsten meines Lebens zählt. Ich glaube, man muß erst viele Stunden auf einer amerikanischen Hudson, einer Niagara, auf einer K-4, einer T-1 verbracht haben, um ganz ermessen zu können, welch eine großartige Maschine die deutsche S 10[1]-Schnellzuglokomotive gewesen ist.

Bild 112   Elsässische S 10¹ als SNCF 230 G 102, 1950 in Thionville aufgenommen   (Foto: Vilain)

Bild 113   Lok AL 1108 gehörte der Bauart 1914 an. Aufnahme 1935 in Mülhausen   (Foto: Dr. Feißel)

Bild 114   Lok 1110 Elsaß-Lothringen war die erste Lok der Bauart 1914 überhaupt   (Werkfoto Henschel)

Bild 115   AL 1120, im Jahre 1933 in Basel aufgenommen   (Foto: Schneeberger)

Bild 116   Noch unter deutscher Betriebsnummer Danzig 1117, aber bereits in Belgien in Dienst. Nach Auslieferung im Jahre 1922 in Ostende-Ville aufgenommen

(Foto: Harder)

Bild 117 Belgische 6110 in Gent-St. Pieter 1940. Die drei in Belgien verbliebenen Maschinen erhielten ACFI-Vorwärmer mit Fahr-
pumpe   (Foto: Harder)

Bild 118 Lok 6117 der SNCB des Bw Brüssel-Schaerbeck, im AW Namur 1943 fotografiert. Ungewohnt ist die leere Rauchkammer-
nische   (Foto: Baumberg)

Bild 119 Sie blieb der Nachwelt erhalten. Lok 17 1055 nach ihrer Restauration 1971 in preußischem Gewand (vgl. unsere Anmerkung zu Bild 21). Die Lok trug ursprünglich die Betriebsnummer Posen 1107. Lediglich die verstärkte Bremse stammt aus späterer Zeit. Auf Bild 120 ist wieder sehr gut das so einsam stehende Verbinder-Sicherheitsventil zu sehen   (Foto: Dr. Heydenreich)

Bild 120 Die Nieten am Tender stellen originalgetreue Imitationen dar   (Foto: Dr. Heydenreich)

Die letzten Jahre

Wenden wir uns dem letzten Kapitel im Leben unserer S 10¹ zu. Das Kriegsende fand den Lokomotivpark der deutschen Bahnen ungleich verteilt. Die Mehrzahl der betriebsfähigen Lokomotiven war vor dem Ansturm der Roten Armee nach dem Westen abgefahren worden. In der 1945 von den Sowjets besetzten und verwalteten Zone Deutschlands herrschte großer Lokomotivmangel, verstärkt durch Beschlagnahmen der Besatzungsmacht. Erste Maßnahme mußte sein, Ordnung in das Chaos der wild über das gesamte Bahnnetz verstreuten Lokomotivtypen zu bringen, handelte es sich doch um Fahrzeuge aller Nationalitäten.

So stellte man fest, daß eine nicht unbedeutende Zahl preußischer S 10¹-Schnellzuglokomotiven vorhanden war, ein Teil sogar noch betriebsfähig. Manche Maschinen konnten mit geringen Mitteln instand gesetzt werden. Lediglich bei größeren Schäden, wie Bombentreffern (17 1005, 1014), schritt man zur Ausmusterung, erhielt aber dadurch noch willkommene Ersatzteilspender.

So kam es, daß bereits im Sommer 1945 nach Aufnahme des Personenverkehrs die ersten S 10¹ vor den damals noch dreifach besetzten Zügen einherdampften, vorwiegend auf ihren alten Stammstrecken Berlin—Frankfurt (O), Guben und Cottbus. In diesem Raum sollte sich auch ihr künftiger Wirkungskreis abspielen. Nur 17 1024 gab 1949/50 ein Gastspiel beim Bw Halle P. Ab 1952 finden wir sie alle beim Bw Cottbus zusammengezogen. Auch ein Außenseiter befand sich darunter. Das Schicksal hatte die AL 1104 aus der elsässischen Heimat nach Sachsen verschlagen. Sie wurde kurzerhand unter der Betriebsnummer 17 1104 wieder in Betrieb genommen. Die „echte" 17 1104 war im Westen verblieben und von der DB am 9. 5. 1949 ausgemustert worden.

Der Mangel an Steinkohle und die Schwierigkeiten mit der Braunkohlenfeuerung und ihrem enormen Ascheanfall und geringem Heizwert veranlaßte die DR, die Braunkohlenfeuerung wieder aufzugreifen, wie sie in den Bauarten Stug und AEG bereits 1928 entstanden war. Bekannt sind die Arbeiten von Hans Wendler auf diesem Gebiet geworden. Er vereinfachte die alte Bauart derart, daß die mechanische Staubförderung durch Druckluft ersetzt werden konnte. Die Verbrennungsluft wurde durch Unterdruck in der Rauchkammer angesaugt, während Druckluft des Hauptluftbehälters den Staub über einfache Gummischläuche in den Brenner drückte. Ein weiterer Fortschritt lag darin, daß man die Behälter der großen vierachsigen Tender in einzelne Kammern unterteilte, die einzeln ausgetragen wurden und keine Rückstände aufkommen ließen.

Wir fassen uns kurz, verweisen vielmehr den Interessenten auf das im gleichen Verlag erschienene Buch von Pierson, „Kohlenstaublokomotiven", wo die technischen Einzelheiten in ausgezeichneter Weise dargestellt sind.

Die schmalen, langen Feuerbüchsen der S 10¹-Lokomotiven schienen für Staubfeuerung besonders geeignet, konnte doch der Feuerbausch hier nahezu verlustlos zur Wärmeerzeugung genutzt werden. Den Anfang machte im Jahre 1949 die Lok 17 1119, der man sogar einen Kondenstender einer Lok der BR 52 beigab, dessen vorderer Teil den Staubbehälter aufnahm. Man benutzte den bei Kondenslokomotiven in der Rauchkammer befindlichen Saugzugventilator dazu, die gesamte Verbrennungsluft über den Brenner

anzusaugen. Mittels Druckluft wurde diesem Luftstrom die nötige Staubmenge beige-
geben.

Interessant ist, daß man bei dieser Gelegenheit das Äußere der Lokomotive umge-
staltete. Das hochgezogene vordere Umlaufblech erinnert an die Super-Pazifiks der
französischen Nordbahn. Die großen Windleitbleche unterstreichen noch den neuartigen
Anblick (Bild 104). Die Erfahrungen mit der Lok 17 1119 waren nicht schlecht, die gesamte Anlage bedeutete damals tatsächlich einen erheblichen Gewinn und eine ungemeine
Arbeitserleichterung für den Heizer. Immerhin mußte man sich an das Heulen des
Turbogebläses erst wieder gewöhnen.

Die Erfahrungen mit dieser Maschine führten dazu, eine Anzahl S 10^1 auf Staubfeuerung umzubauen. Es waren dies die Loks:

17 1024   1032   1042   1052   1071   1074   1077   1094   1101   1103

1104   1114   1119   1158   1198

Zwei Loks der Bauart 1914 befanden sich darunter, die einzigen übrigens, die bei der
DR wieder in Betrieb genommen worden sind. Alle anderen Maschinen gehörten der
Bauart 1911 an.

Über die Bewährung der Kohlenstaubfeuerung schreibt Wendler:

„Mit Lokomotiven der Baureihe 17$^{10-12}$ wurden ohne zu restaurieren Entfernungen
bis zu 2000 km zurückgelegt. Entfernungen von über 1300 km wurden mit einem
Schnellzug von 385 t und 250 t im 80er- und 100er-Plan ebenfalls ohne zu restaurieren
bewältigt; für diese Fahrten wurden nur 23 bzw. 21 t Filterkohlenstaub benötigt."

Das Jahr 1954 brachte eine weitere Besonderheit. Auf der technischen Messe in Leipzig
erschien die Lok 17 1104 als sogenannte „Kohlenstaub-Langlauf-Schnellzuglokomotive"
(Bilder 108, 109). Die Lok war generalüberholt worden, hatte einen neuen Kessel und
einen neuen Innenzylinder erhalten. Das Bemerkenswerte war jedoch, daß sie zu ihrem
Tender einen weiteren Kohlenstaub-Langlaufwagen erhalten hatte. Dieser bestand aus
zwei kurz-gekuppelten Drehgestellwagen von insgesamt 105 t Gewicht. Jeder Wagen
war in vier Bunker zur Aufnahme von Kohlenstaub eingeteilt, der Lokomotivtender
selbst besaß nur einen kleinen Behälter von 3,5—4 t Staub, hingegen einen Wasser-
behälter von 42 m^3 Fassungsvermögen. Nach Pierson konnten davon 34 m^3 über Wasser-
kran, der Rest über Hydranten gefüllt werden. In der Mitte des Langlauf-Tenders befanden sich zwei Aufenthaltsräume mit Bänken für eine zweite Lokomotivmannschaft,
die gleichzeitig als Schlafgelegenheit benutzt werden konnten.

Wir zitieren hierzu Pierson: „Mit dieser Langlauf-Schnellzuglokomotive 17 1104
waren bereits mehrere Versuchsfahrten unternommen worden, so z. B. eine Langstrecken-
versuchsfahrt am 16. und 17. September 1953 über eine rund 1400 km lange Strecke von
Saßnitz nach Gutenfürst (Vogtland) und zurück, ohne daß ein Bw angelaufen wurde,
um die Maschine zu entschlacken und die Rauchkammer zu reinigen. Die Maschine
durchfuhr die Strecke mit einem D-Zug-Wagenpark von 400 t Gewicht in 25 Stunden
und 42 Minuten, wovon allerdings 77 Minuten als Betriebsaufenthalt unterwegs abzu-
ziehen sind. Der Wasserverbrauch betrug insgesamt 143 m^3."

Lok 17 1104 und 17 1119 dürften die bemerkenswertesten Maschinen ihrer Gattung gewesen sein. Witte-Windleitbleche bei der 1104 und ein belgischer Kragen am Schlot vertieften den ungewohnten Eindruck. Die Herrlichkeit mit dem Zusatzwagen dauerte nicht lange. In welchem Plan sollte eine einzelne Lok über so weite Strecken laufen? Immerhin hatten die Probefahrten abermals die hohen Qualitäten der S 10¹ bewiesen. Ohne den Zusatzwagen hat die Lok mit ihrem normalen Tender noch bis 1962 Dienst getan.

Es war das letzte Mal, daß eine S 10¹ in der Öffentlichkeit hervorgetreten ist. Ende der fünfziger Jahre neigte sich ihr Stern dem Verlöschen zu. Bis dahin versahen sie Dienst im Cottbuser Raum vorwiegend auf den Strecken Frankfurt (O)—Cottbus—Dresden und Cottbus—Berlin vor Personen- und Eilzügen, fuhren wohl auch sowjetische Urlauberzüge nach Frankfurt (O).

Abermals hatte sich das Publikum gewandelt, das der Maschine seines Zuges einen flüchtigen Blick schenkte oder am Bremsprellbock des Kopfgleises dem Ausgang zustrebte. Es mutet tragisch an — sofern man es nicht als einen Treppenwitz der Weltgeschichte betrachten will — daß, nehmen wir einmal eine der Frankfurter Maschinen 17 1055, 1101 oder 1103, die doch aus Berlin kaum weggekommen sind, sie von ihrer Indienststellung an bis zu ihrem Ende die ganze Skala der deutschen Geschichte von vier Jahrzehnten durchlaufen haben. Wo einst stramme preußische Leutnants, von den Gardehusaren oder den „Maikäfern" vorüberschritten, wo hohe Beamte des Staates und Mitglieder der OHL sorgenvoll entlangeilten, wo Neureiche der Inflationszeit und Dandys der Charleston-Jahre flanierten, denen die Braunhemden der dreißiger Jahre folgten, diesen wiederum die Uniformen des Zweiten Weltkrieges samt den Flüchtlingen, da stand jetzt sowjetisches Militär, da stapften die „Knobelbecher" der „Nationalen Volksarmee", da sangen „Junge Pioniere" ihre neuen Lieder. Tempora mutantur. —

In dem Umfang, wie die Neubaulokomotiven der BR 23¹⁰ in Dienst gestellt wurden, wanderten die überalterten Vierzylindermaschinen, die zum Teil schon 50 Betriebsjahre vollendet hatten, auf das Abstellgleis. 17 1042 und 1077 waren die Letzten der Aufrechten, die im Jahre 1964 die Betriebsgeschichte der S 10¹ abschlossen. Jahrelang standen noch einige im Bw Cottbus herum. Der Initiative maßgebender Dampflokfachleute der DR ist es zu verdanken, daß ein Exemplar erhalten geblieben ist, die Lok 17 1055. Im Jahre 1971 wurde sie durch das RAW Cottbus wieder hergerichtet, dabei in Aussehen und Farbgebung in den Zustand des Jahres 1913 versetzt. Anläßlich der Tagung der Modelleisenbahner in Dresden im August 1971 wurde sie das erstemal der Öffentlichkeit vorgestellt. Möge sie im künftigen Eisenbahnmuseum Dresden späteren Geschlechtern vom Ruhme ihrer Erbauer und der alten Preußischen Staatsbahn künden.

Die S 10¹ in der Bauform des Jahres 1911 ist die letzte deutsche Lokomotive in Original-De Glehn-Bauart. Mit ihr endet ihre Entwicklung in Deutschland. Ihr Ursprung liegt bei der französischen Nordbahn, so berühmte Lokomotivbauer wie Du Bousquet und De Glehn gaben ihr das Gepräge. Wenige Jahre nach Erscheinen gehörte diese Lokomotivtype bereits zu den erfolgreichsten in ganz Europa. Jenes museale Relikt in der DDR vermittelt uns noch heute einen Abglanz einstigen Ruhms. Die S 10¹ als preußische Version der De Glehn-Bauart gilt den anderen berühmten deutschen Konstruktionen, besonders süddeutscher Prägung, als ebenbürtig in der technischen Durchbildung und Wirtschaftlichkeit, in manchen Details sogar als überlegen. In Anbetracht ihrer Kleinheit ist sie sogar von den moderneren Maschinen nicht übertroffen worden.

Als im Jahre 1920 die Deutsche Reichsbahn durch Zusammenschluß der einzelnen Länderbahnen gegründet wurde und alsbald die Frage einheitlicher Lokomotivbeschaffung akut wurde, da bestand bei allen Beteiligten zunächst kein Zweifel, daß für den Flachlanddienst die S 10¹ die gegebene Einheitslokomotive sei. Der vorläufige Nummernplan von 1923 gab ihr deshalb bereits die neue Baureihennummer 01. Im endgültigen Nummernplan von 1925 wurde sie als 2 C-Lok in die für diese Achsfolge vorgesehene Nummernreihe 17 eingeordnet. Da jedoch noch immer mit der Möglichkeit ihres Weiterbaus gerechnet werden mußte, gab man ihr vorsichtshalber Betriebsnummern über 1000, die beliebig hätten fortgesetzt werden können.

Es kam anders, die Einheitslokomotiven entstanden, ein Weg, richtig zunächst, der letzten Endes aber doch in eine Sackgasse führte. Nun, wir haben aufgezeigt, was bei einer Weiterentwicklung aus unseren Maschinen hätte werden können.

Die Zeit geht ins Land. Wenn dieses Buch in die Hände der Leser gelangt, werden fast zehn Jahre vergangen sein, nachdem die letzte preußische Schnellzuglokomotive abgestellt und aus dem Betrieb gezogen worden ist. Die Zahl der Eisenbahnfreunde, die diese Lokomotiven noch aus eigener Anschauung erlebt haben, schrumpft immer mehr zusammen. Der Gedanke daran hat etwas Beängstigendes. Diejenigen, für die einmal die S 10¹ den Inbegriff aller Lokomotiventwicklung darstellte, sind heute achtzig Jahre alt. Und als sich bei den heute Siebzigjährigen das Interesse am Eisenbahnwesen einstellte, da dampften die Maschinen schon mehrere Jahre über die Strecke. Man muß wenigstens fünfzig Jahre alt sein, um sich überhaupt an die großen Tage der S 10¹ erinnern zu können, als sie noch vor FD-Zügen über das Land brauste.

Schon für die heute Vierzigjährigen bedeutet diese Lokomotive nichts mehr.

Es ist der heiße Wunsch des Verfassers, auch der jungen Generation von Eisenbahnfreunden etwas vom Nimbus der alten Preußischen Staatsbahn und ihren Lokomotiven vermittelt zu haben. Dennoch wird die S 10¹ in erster Linie eine Lokomotive der Erinnerung bleiben. Erinnerung für die ältere Generation. Das besonders, nachdem uns ihr Lebenslauf mit allen Höhen und Tiefen der jüngsten deutschen Geschichte verbindet.

Er begann in einer Epoche, die Thomas Mann einmal „das Goldene Zeitalter der Bürgerlichkeit" genannt hat.

Er endete unter dem roten Banner eines „Arbeiter- und Bauernstaates", nachdem das Deutsche Reich Geschichte geworden ist.

So möge ein Wort von Carl Jacob Burckhardt unsere Betrachtungen schließen:

„Alles in unserer Generation ist Abschied. Die nächsten werden es leichter haben, das Beste wird vergessen sein." —

Verzeichnis der abgebildeten Lokomotiven, nach DR-Betriebsnummern geordnet

Betr.-Nr.	Bild-Nr.	Betr.-Nr.	Bild-Nr.
17 1001 (Hl 1101)	9, 20, 41	17 1126	50
17 1002 (HL 1102)	15	17 1127	57
17 1003	28	17 1128 (Hn 1118)	49
17 1004	91, 93, 95, 96	17 1132	76
17 1009	72	17 1133 (Hl 1111)	23
17 1010	68	17 1134 (Hl 1112)	24
17 1016	42	17 1136	48
17 1017	40	17 1137	80, 83
17 1021	68	17 1140	31
17 1024	68	17 1141	56, 78
17 1025 (Stn 1107)	32, 66	17 1142	79
17 1028 (Bsl 1103)	14	17 1144	82
17 1031	43	17 1147 (Bsl 1111)	27
17 1038	65	17 1150	73
17 1042	106	17 1151	62
17 1044	66	17 1161	30
17 1046	74	17 1162	88
17 1054	60	17 1163	52
17 1055	47, 119, 120	17 1166	54
17 1063	64	17 1172 (Hn 1123)	25
17 1066	29, 59, 61	17 1180	53
17 1071	102	17 1182	55
17 1072	71	17 1183	89
17 1074	67, 105	17 1194	86
17 1077	1, 45	17 1198	107
17 1080 (Hl 1104)	26	17 1200	87
17 1082	69	17 1201	71
17 1088	63	17 1203	75
17 1089	22, 92	17 1205	85
17 1094 (Mgd 1107)	19	17 1207	10
17 1095	44	17 1208	58
17 1099	90, 93, 94	17 1251	100
17 1104	108—111	SNCB 6110	117
17 1100 (I ln 1110)	21, 99	SNCB 6117	116, 118
17 1114	101	AL 1102	112
17 1118	39	AL 1108	113
17 1119	103, 104	AL 1110	114
17 1124	51	AL 1120	115

In anderen Verlagswerken wurden bereits Bilder nachstehender Lokomotiven veröffentlicht

17 1010	Unvergessene Dampflokomotiven, S. 87
17 1037	LOK-MAGAZIN 18, S. 43
17 1039	Dampf überm Schienenstrang, S. 107
17 1047	Die Dampflokzeit, S. 53
17 1059	LOK-MAGAZIN 27, S. 52
17 1070	Dampf überm Schienenstrang, S. 72
17 1073	LOK-MAGAZIN 7, S. 19
17 1074	Kohlenstaublokomotiven, Bild 40
17 1074	Dampf überm Schienenstrang, S. 40
17 1100	Dampf überm Schienenstrang, S. 41
17 1110 + 1172	Unvergessene Dampflokomotiven, S. 91
17 1131	Dampf überm Schienenstrang, Rückseite Schutzumschlag
17 1137	Geliebte Dampflok, S. 156
17 1143	Die Dampflokzeit, S. 55
17 1165	Dampf überm Schienenstrang, S. 41
17 1169	Unvergessene Dampflokomotiven, S. 93
17 1179	Dampf überm Schienenstrang, S. 44
17 1191	Die Dampflokzeit, S. 54
17 1207	Das Lied der Dampflok, S. 49

Ferner in „Düring, Schnellzug-Dampflokomotiven"

17 1073	Bild 68	17 1119	Bild 71	17 1191	Bild 75
17 1074	Bild 70	17 1177	Bild 73, 76	17 1200	Bild 74
17 1092	Bild 69				

Lieferung und Verbleib der S 10¹-Lokomotiven

Es wurden gebaut in den Jahren	Bauart 1911 1911 bis 1915	Bauart 1914 1914 bis 1916	Gesamt
von Henschel & Sohn	139	95	234
von Linke-Hofmann	10	10	20
	149	105	254
Davon kamen an:			
K.P.E.V.	145	92	237
Reichseisenbahnen	4	13	17
	149	105	254
Von den an die K.P.E.V. gelieferten Stück wurden 1918 abgeliefert:	145	92	237
an Frankreich (AL)	3	2	5
an Belgien		3	3
an Polen	10	10	20
an die DRG* kamen	132	77	209
Diese erhielten 1925 die Betr.-Nrn.	17 1001-1123 1145-1154	17 1124-1144 1155-1209	17 1001-1209

*) Deutsche Reichsbahngesellschaft

Hauptabmessungen der S 10¹-Lokomotiven

Musterblatt-Nr.		XIV 2c¹	XIV 2c²
Baujahr		1911	1914
Zylinderdurchmesser	mm	400/610	
Kolbenhub	mm	660	
Treibraddurchmesser	mm	1980	
Laufraddurchmesser	mm	1000	
Dampfdruck	atü	15	
Rostlänge x -breite	mm	2800 x 1010	3070 x 1040
Rostfläche	m²	2,95	3,18
Rohrlänge	mm	4900	
Rauchrohr-Anzahl		24	26
Rauchrohr-Durchmesser	mm	133 x 4	133 x 4
Heizrohr-Anzahl		149	136
Heizrohr-Durchmesser	mm	50 x 2,5	51 x 2,5
Verdampfungsheizfläche fb.	m²	165,50	163,06
Überhitzerheizfläche	m²	52,14	58,50
Gesamtheizfläche	m²	217,64	221,56
Dampferzeugung	t/h	9,4	
Kesselmitte über SO	mm	2900	
Kessel-Außendurchmesser	mm	1600	1670
Fester Achsstand	mm	4700	
Gesamtachsstand Lok	mm	9100	
Länge über Puffer (Lok und Tender)	mm	20 910	21 010
Leergewicht	t	75,35	77,65
Dienstgewicht	t	82,22	84,17
Reibungsgewicht	t	51,38	53,20
Mittl. Kuppelachslast	t	17,0	17,7
Anfahrzugkraft bei 0,8 p	t	14,9	
Zulässige größte Geschwindigkeit			
vorwärts	km/h	120	
rückwärts	km/h	50	
Tender-Gattung		2'2' T 31,5	
Wasservorrat	m³	31,5	
Kohlenvorrat	t	7,5	
Leergewicht	t	25,17	
Dienstgewicht ($^2/_3$ Vorr.)	t	63,70	

Hauptabmessungen vergleichbarer 2'C-Lokomotiven

Land	Lok-Type	Baujahr	Bauart	Zylinder-⌀ mm	Kolben-hub mm	Treibrad-⌀ mm	Dampf-druck kg/cm²	Rost-fläche m²	Verdampf.-Heizfläche m²	Überhitzer-heizfläche m²	Dienst-gewicht t	Reibgs.-gewicht t	Größte Geschw. km/h	Bemerkungen
Preußen	P 8	1906	2'C h2	575	630	1750	12	2,6	143,9	58,9	78,2	51,6	100	
Preußen	S 10	1910	2'C h4	430	630	1980	14	2,9	154,3	52,9	77,2	50,9	110	
Preußen	S 10¹	1914	2'C h4v	400/610	660	1980	15	3,1	163,1	58,5	84,2	53,2	120	Bauart 1914
Preußen	S 10²	1914	2'C h3	500	630	1980	14	2,9	153,5	61,5	81,2	52,9	120	
Preußen	Entwurf Garbe	—	2'C h2	590	660	1980	12	3,1	164,0	55,0	81,0	51,0	110	
Frankreich	Serie 11 Est	1910	2'C h4v	390/590	680	2090	16	3,2	142,2	45,0	79,0	53,1	120	SNCF 230 J
Frankreich	Serie 11 S Est	1925	2'C h4v	405/590	680	2090	18	3,1	135,5	46,0	83,0	57,0	120	SNCF 230 K
England	GW	1923	2'C h4	406	660	2045	15,7	2,8	166,0	24,4	79,9	58,9		„Castles"
England	LMSR 6	1927	2'C h3	549	792	2057	17,6	2,9	156,1	37,1	83,0	62,5		„Royal Scots"
England	LNER B 17	1928	2'C h3	445	660	2032	14,1	2,6	156,0	32,0	78,0	55,0		
England	LMSR 5	1934	2'C h2	470	711	1829	15,7	2,7	153,3	32,3	70,6	53,1		„Black Fives"
Österreich	109	1909	2'C h2	550	650	1700	13	3,6	166,8	67,0	66,9	43,2	90	
Niederlande	3700	1910	2'C h4	400	660	1850	12	2,8	145,0	41,0	72,0	48,0	100	
Ungarn	328	1918	2'C h2	570	650	1826	12	3,3	164,7	45,2	69,0	42,9	90	

Verzeichnis sämtlicher S 10¹-Lokomotiven

Fabr.-Nr.	1. Betr.-Nr.	2. Betr.-Nr.	3. Betr.-Nr.	Bemerkungen (Verbleib 1945)	Aus-gemustert am
Vorserie Henschel 1911 — 10 Maschinen					
Ohne Laufradbremse, niedrige Pufferbohle, Schichau-Schieber					
10 865	Halle 1101	Stettin 1140	17 1001		
10 866	Halle 1102	Stettin 1135	1002	PKP	
10 867	Halle 1103	Stettin 1136	1003	DB	9. 5. 49
10 868	Stettin 1101	—	1004	ÖBB	26. 8. 57
10 869	Stettin 1102	—	1005	DR (Kriegsschaden)	— — 47
10 870	Stettin 1103	—	1006		
10 871	Bromberg 1101	—	1007		
10 872	Bromberg 1102	—	1008	DB	9. 5. 49
10 873	Posen 1101	Osten 1130	1009	PKP	
10 874	Posen 1102	PKP-PK 2-1	17 1250	DB	13. 12. 51
Serie Henschel 1912 — 26 Maschinen					
Ohne Laufradbremse, erhöhte Pufferbohle, Rahmenversteifung verstärkt, 6 Maschinen mit Kammerschiebern					
11 162	Bromberg 1103	—	17 1010	DB	9. 5. 49
11 163	Bromberg 1104	—	1011	DB	9. 5. 49
11 164	Bromberg 1105	—	1012	PKP	
11 165	Bromberg 1106	—	1013		
11 166	Bromberg 1107	PKP-PK 2-2	17 1251	DB (3. 1. 56 an PKP)	
11 167	Bromberg 1108	—	17 1014	DR (Kriegsschaden)	31. 10. 50
11 168	Danzig 1101	Stettin 1132	1015		
11 169	Danzig 1102	Stettin 1133	1016		
11 170	Danzig 1103	AL 1119	230 G 119		
11 171	Danzig 1104	AL 1120	230 G 120		
11 172	Danzig 1105	Stettin 1134	17 1017		
11 173	Mainz 1101	—	1018		
11 174	Mainz 1102	—	1019		
11 175	Mainz 1103	—	1020		
11 176	Mainz 1104	—	1021	DR	25. 9. 58
11 177	Stettin 1104	—	1022	DR	20. 1. 54
11 178	Stettin 1105	—	1023	DR	21. 12. 53
11 179	Stettin 1106	—	1024	DR (Kohlenstaubfeuer.)	24. 3. 61
11 180	Stettin 1107	—	1025		
11 181	Stettin 1108	—	1026	DB	9. 5. 49
11 182	Breslau 1101	AL 1118	230 G 118		
11 183	Breslau 1102	—	17 1027	DR	3. 7. 57
11 184	Breslau 1103	—	1028	PKP	
11 185	Posen 1103	Osten 1131	1029	PKP	
11 186	Posen 1104	Osten 1132	1030	DR	31. 10. 50
11 187	Posen 1105	Osten 1133	1031	DR	24. 3. 61

Serie Henschel 1913/1 — 33 Maschinen
Wie Serie 1912, Normalschieber

Fabr.-Nr.	1. Betr.-Nr.	2. Betr.-Nr.	3. Betr.-Nr.	Bemerkungen (Verbleib 1945)	Aus- gemustert am
11 485	Königsbg. 1101	—	17 1032	DR (Kohlenstaubfeuer.)	26. 8. 59
11 486	Königsbg. 1102	—	1033	DR	20. 12. 60
11 487	Königsbg. 1103	—	1034		
11 488	Königsbg. 1104	—	1035		
11 489	Königsbg. 1105	—	1036	DR	21. 12. 53
11 490	Königsbg. 1106	—	1037		
11 491	Königsbg. 1107	—	1038	PKP	
11 492	Königsbg. 1108	—	1039	PKP	
11 493	Königsbg. 1109	—	1040		
11 494	Königsbg. 1110	—	1041	DB	9. 5. 49
11 495	Königsbg. 1111	—	1042	DR (Kohlenstaubfeuer.)	28. 4. 64
11 496	Königsbg. 1112	—	1043		
11 497	Königsbg. 1113	—	1044		
11 498	Königsbg. 1114	—	1045		
11 499	Danzig 1106	PKP-Pk 2-4	17 1253		
11 500	Danzig 1107	PKP-Pk 2-5	1254	PKP	
11 501	Danzig 1108	PKP-Pk 2-6	1255	PKP	
11 502	Stettin 1109	—	17 1046	DB	9. 5. 49
11 503	Stettin 1110	—	1047	DB	9. 5. 49
11 504	Stettin 1111	—	1048		
11 505	Stettin 1112	—	1049		
11 506	Stettin 1113	—	1050	DB	9. 5. 49
11 507	Breslau 1104	—	1051	DR	15. 2. 51
11 508	Breslau 1105	—	1052	DR (Kohlenstaubfeuer.)	28. 11. 62
11 509	Breslau 1106	PKP-Pk 2-3	17 1252	DB	13. 12. 51
11 510	Bromberg 1109	—	17 1053		
11 511	Posen 1106	Osten 1134	1054	DR	20. 12. 51
11 512	Posen 1107	Osten 1135	1055	DR (für Museum reserviert	25. 1. 63
11 513	Posen 1108	Osten 1136	1056	DR	25. 5. 54
11 514	Mainz 1105	—	1057		
11 515	Mainz 1106	—	1058		
11 516	Mainz 1107	—	1059	PKP	
11 517	Mainz 1108	—	1060		

Serie Henschel 1913/2 — 30 Maschinen
Unveränderter Nachbau

Fabr.-Nr.	1. Betr.-Nr.	2. Betr.-Nr.	3. Betr.-Nr.	Bemerkungen (Verbleib 1945)	Aus- gemustert am
11 754	Altona 1101	—	17 1061	DB	9. 5. 49
11 755	Altona 1102	—	1062		
11 756	Altona 1103	—	1063		
11 757	Posen 1109	Osten 1137	1064	DB	9. 5. 49
11 758	Posen 1110	Osten 1138	1065	DB	9. 5. 49
11 759	Posen 1111	Osten 1139	1066	DB	9. 5. 49
11 760	Posen 1112	PKP-Pk 2-7	17 1256	PKP	

Fabr.-Nr.	1. Betr.-Nr.	2. Betr.-Nr.	3. Betr.-Nr.	Bemerkungen (Verbleib 1945)	Aus- gemustert am
11 761	Breslau 1107	—	17 1067		— — 32
11 762	Hannover 1101	—	1068		
11 763	Hannover 1102	—	1069	DB	9. 5. 49
11 764	Hannover 1103	—	1070	DB	9. 5. 49
11 765	Hannover 1104	—	1071	DR (Kohlenstaubfeuer.)	25. 1. 63
11 766	Hannover 1105	—	1072	DB	9. 5. 49
11 767	Hannover 1106	—	1073	DB	— — 48
11 768	Hannover 1107	—	1074	DR (Kohlenstaubfeuer.)	24. 3. 61
11 769	Bromberg 1110	—	1075	DB	16. 10. 46
11 770	Bromberg 1111	—	1076	DB	9. 5. 49
11 771	Bromberg 1112	—	1077	DR (Kohlenstaubfeuer.)	28. 4. 64
11 772	Halle 1104	Stettin 1137	1078	PKP	
11 773	Halle 1105	—	1079	DB	9. 5. 49
11 774	Halle 1106	—	1080	DB	9. 5. 49
11 775	Königsbg. 1115	—	1081		
11 776	Königsbg. 1116	—	1082	PKP	
11 777	Königsbg. 1117	—	1083	DR	20. 12. 51
11 778	Magdebg. 1101	—	1084	PKP	
11 779	Magdebg. 1102	—	1085	DR	20. 12. 51
11 780	Magdebg. 1103	—	1086		
11 781	Stettin 1114	—	1087	PKP	
11 782	Stettin 1115	—	1088		
11 783	Stettin 1116	—	1089	ÖBB	26. 8. 57

Serie Henschel 1913/14 — 40 Maschinen
Ab hier Laufradbremse

Fabr.-Nr.	1. Betr.-Nr.	2. Betr.-Nr.	3. Betr.-Nr.	Bemerkungen (Verbleib 1945)	Aus- gemustert am
11 994	Els.-Lothr. 1101	AL 1101	230 G 101		
11 995	Els.-Lothr. 1102	AL 1102	230 G 102		
11 996	Els.-Lothr. 1103	AL 1103	230 G 103		
11 997	Els.-Lothr. 1104	AL 1104	17 1104 II	DR (Kohlenstaubfeuer.)	22. 11. 62
11 998	Breslau 1108	—	17 1090	DB	14. 8. 50
11 999	Magdebg. 1104	—	1091	DB	9. 5. 49
12 000	Magdebg. 1105	—	1092		
12 001	Magdebg. 1106	—	1093		
12 002	Magdebg. 1107	—	1094	DR (Kohlenstaubfeuer.)	26. 8. 59
12 003	Magdebg. 1108	—	1095	DB	9. 5. 49
12 004	Magdebg. 1109	—	1096		
12 005	Stettin 1117	—	1097	DR	18. 8. 55
12 006	Stettin 1118	—	1098		
12 007	Stettin 1119	—	1099	ÖBB	26. 8. 57
12 008	Stettin 1120	—	17 1100	DB	9. 5. 49
12 009	Posen 1113	Osten 1140	1101	DR (Kohlenstaubfeuer.)	29. 12. 58
12 010	Posen 1114	PKP-Pk 2-11	17 1258	DB	13. 12. 51
12 011	Posen 1115	Osten 1141	17 1102	DB	9. 5. 49
12 012	Posen 1116	Osten 1142	1103	DR (Kohlenstaubfeuer.)	25. 1. 63
12 013	Posen 1117	Osten 1143	1104	DB	9. 5. 49
12 014	Posen 1118	Osten 1144	1105	DB	9. 5. 49

Fabr.-Nr.	1. Betr.-Nr.	2. Betr.-Nr.	3. Betr.-Nr.	Bemerkungen (Verbleib 1945)	Aus-gemustert am
12 015	Posen 1119	PKP-Pk 2-19	17 1259	PKP	
12 016	Hannover 1108	—	17 1106	DR	20. 6. 57
12 017	Hannover 1109	—	1107	DR	26. 1. 61
12 018	Hannover 1110	—	1108	DR	21. 12. 53
12 019	Hannover 1111	—	1109	DB	9. 5. 49
12 020	Hannover 1112	—	1110		
12 021	Hannover 1113	—	1111		
12 022	Altona 1104	—	1112	DR	15. 2. 51
12 023	Bromberg 1113	—	1113		
12 024	Bromberg 1114	—	1114	DR (Kohlenstaubfeuer.)	28. 4. 63
12 025	Bromberg 1115	—	1115		
12 026	Bromberg 1116	—	1116	DR	15. 2. 51
12 027	Halle 1107	—	1117	DB	9. 5. 49
12 028	Halle 1108	—	1118	DB	9. 5. 49
12 029	Halle 1109	—	1119	DR (Kohlenstaubfeuer.)	24. 3. 61
12 030	Halle 1110	—	1120		
12 031	Königsbg. 1118	—	1121		
12 032	Königsbg. 1119	—	1122		
12 033	Königsbg. 1120	—	1123		

Serie Henschel 1914 — 33 Maschinen
Vorwärmer, Pop-Ventil

Fabr.-Nr.	1. Betr.-Nr.	2. Betr.-Nr.	3. Betr.-Nr.	Bemerkungen (Verbleib 1945)	Aus-gemustert am
12 600	Els.-Lothr. 1105	AL 1105	230 G 105		
12 601	Els.-Lothr. 1106	AL 1106	230 G 106		
12 602	Els.-Lothr. 1107	AL 1107	230 G 107		
12 603	Els.-Lothr. 1108	AL 1108	230 G 108		
12 604	Els.-Lothr. 1109	AL 1109	230 G 109		
12 605	Els.-Lothr. 1110	AL 1110	230 G 110		
12 606	Els.-Lothr. 1111	AL 1111	230 G 111		
12 607	Els.-Lothr. 1112	AL 1112	230 G 112		
12 608	Danzig 1109	PKP-Pk 2-8	17 1210	DB	13. 12. 51
12 609	Danzig 1110	PKP-Pk 2-9	1211	DB	13. 12. 51
12 610	Danzig 1111	PKP-Pk 2-18	1216	DB	3. 10. 46
12 611	Danzig 1112	PKP-Pk 2-10	1257	DB	4. 2. 52
12 612	Hannover 1114	—	17 1124	DB	14. 8. 50
12 613	Hannover 1115	—	1125	DB	9. 5. 49
12 614	Hannover 1116	—	1126	DB	4. 8. 49
12 615	Hannover 1117	—	1127	DB	14. 8. 50
12 616	Hannover 1118	—	1128	DB	9. 5. 49
12 617	Hannover 1119	—	1129	DB	14. 8. 50
12 618	Stettin 1121	—	1130	DB	14. 8. 50
12 619	Stettin 1122	—	1131	DB	14. 8. 50
12 620	Stettin 1123	—	1132	DB	14. 8. 50
12 621	Halle 1111	—	1133	DB	28. 6. 46
12 622	Halle 1112	—	1134	DB	14. 8. 50
12 623	Halle 1113	—	1135	DB	14. 8. 50
12 624	Halle 1114	—	1136	DB	14. 8. 50

Fabr.-Nr.	1. Betr.-Nr.	2. Betr.-Nr.	3. Betr.-Nr.	Bemerkungen (Verbleib 1945)	Aus-gemustert am
12 625	Altona 1105	—	17 1137	DB	14. 8. 50
12 626	Altona 1106	—	1138	DB	14. 8. 50
12 627	Altona 1107	—	1139	DB	14. 8. 50
12 628	Altona 1108	—	1140	DB	14. 8. 50
12 629	Magdebg. 1110	—	1141	DB	2. 2. 49
12 630	Magdebg. 1111	—	1142	DB	14. 8. 50
12 631	Magdebg. 1112	—	1143	DB	14. 8. 50
12 632	Posen 1120	—	1144	DB	14. 8. 50

Nachlieferung für Elsaß-Lothringen Henschel 1914 — 2 Maschinen
Nachbau

| 12 841 | Els.-Lothr. 1113 | AL 1113 | 230 G 113 | | |
| 12 842 | Els.-Lothr. 1114 | AL 1114 | 230 G 114 | | |

Serie Linke-Hofmann 1914/15 — 10 Maschinen (Bauart 1911)
Wie Henschel 1913/14, Pop-Ventile

1104	Breslau 1109	—	17 1145		
1105	Breslau 1110	—	1146	DB	9. 5. 49
1106	Breslau 1111	—	1147	DB	9. 5. 49
1107	Bromberg 1117	—	1148		
1108	Bromberg 1118	—	1149	PKP	
1109	Bromberg 1119	—	1150		
1110	Königsbg. 1121	—	1151	DB	9. 5. 49
1111	Königsbg. 1122	—	1152	DB	9. 5. 49
1112	Posen 1121	Osten 1146	1153	DB	9. 5. 49
1113	Posen 1122	PKP-Pk 2-12	17 1218	PKP	

Serie Henschel 1915 — 30 Maschinen
Wie Serie 1914, teils Pop-, teils Ramsbottom-Ventile

13 174	Stettin 1124	—	17 1154	DB	14. 8. 50
13 175	Stettin 1125	—	1155	DB	14. 8. 50
13 176	Stettin 1126	—	1156	DB	14. 8. 50
13 177	Stettin 1127	—	1157	DB	14. 8. 50
13 178	Stettin 1128	—	1158	DR (Kohlenstaubfeuer.)	25. 1. 63
13 179	Stettin 1129	—	1159	DB	14. 8. 50
13 180	Stettin 1130	AL 1122	230 G 122		
13 181	Stettin 1131	—	17 1160	DB	14. 8. 50
13 182	Altona 1109	—	1161	DB	14. 8. 50
13 183	Altona 1110	—	1162	DB	14. 8. 50
13 184	Altona 1111	—	1163	DB	14. 8. 50
13 185	Altona 1112	—	1164	DB	14. 8. 50
13 186	Danzig 1113	Osten 1150	1165		
13 187	Danzig 1114	PKP-Pk 2-13	12 1212	DB	13. 12. 51
13 188	Danzig 1115	PKP-Pk 2-14	1213	DB	13. 12. 51

Fabr.-Nr.	1. Betr.-Nr.	2. Betr.-Nr.	3. Betr.-Nr.	Bemerkungen (Verbleib 1945)	Aus-gemustert am
13 189	Halle 1115	—	17 1166	DB	14. 8. 50
13 190	Halle 1116	—	1167	DB	14. 8. 50
13 191	Halle 1117	—	1168	DB	14. 8. 50
13 192	Hannover 1120	—	1169	DB	14. 8. 50
13 193	Hannover 1121	—	1170	DB	14. 8. 50
13 194	Hannover 1122	—	1171	DB	14. 8. 50
13 195	Hannover 1123	—	1172		— — 32
13 196	Hannover 1124	—	1173	DB	14. 8. 50
13 197	Hannover 1125	—	1174		
13 198	Magdebg. 1113	—	1175	DB	14. 8. 50
13 199	Magdebg. 1114	—	1176	DR	18. 8. 55
13 200	Magdebg. 1115	—	1177	DR	18. 8. 55
13 201	Posen 1123	Osten 1147	1178		
13 202	Posen 1124	Osten 1148	1179	DB	14. 8. 50
13 203	Posen 1125	Osten 1149	1180	DB	30. 7. 45

Serie Linke-Hofmann 1915 — 10 Maschinen (Bauart 1914)

Ramsbottom-Ventile, verstärkte Bremse

Fabr.-Nr.	1. Betr.-Nr.	2. Betr.-Nr.	3. Betr.-Nr.	Bemerkungen	Aus-gemustert am
1201	Breslau 1112	—	17 1181	DB	14. 8. 50
1202	Breslau 1113	—	1182	DB	14. 8. 50
1203	Breslau 1114	—	1183	DB	14. 8. 50
1204	Bromberg 1120	—	1184	DB	14. 8. 50
1205	Bromberg 1121	—	1185	DB	14. 8. 50
1206	Bromberg 1122	—	1186	DB	14. 8. 50
1207	Bromberg 1123	—	1187	DB	14. 8. 50
1208	Bromberg 1124	—	1188	DB	14. 8. 50
1209	Königsbg. 1123	—	1189	DB	14. 8. 50
1210	Königsbg. 1124	—	1190	DB	14. 8. 50

Nachlieferung Elsaß-Lothringen Henschel 1915 — 4 Maschinen

Nachbau

Fabr.-Nr.	1. Betr.-Nr.	2. Betr.-Nr.	3. Betr.-Nr.	Bemerkungen	Aus-gemustert am
13 281	Els.-Lothr. 1115	AL 1115	230 G 115		
13 282	Els.-Lothr. 1116	AL 1116	230 G 116		
13 383	Els.-Lothr. 1117	AL 1117	230 G 117		
13 284	Hannover 1126	—	17 1191	DB	14. 8. 50

Serie Henschel 1916 — 26 Maschinen

Nachbau

Fabr.-Nr.	1. Betr.-Nr.	2. Betr.-Nr.	3. Betr.-Nr.	Bemerkungen	Aus-gemustert am
13 805	Bromberg 1125	—	17 1192	DB	14. 8. 50
13 806	Bromberg 1126	—	1193	DB	14. 8. 50
13 807	Bromberg 1127	—	1194	DB	14. 8. 50
13 808	Bromberg 1128	PKP-Pk 2-20	17 1217	DB	13. 12. 51
13 809	Bromberg 1129	—	17 1195	DB	14. 8. 50
13 810	Königsbg. 1125	—	1196	DB	14. 8. 50

156

Fabr.-Nr.	1. Betr.-Nr.	2. Betr.-Nr.	3. Betr.-Nr.	Bemerkungen (Verbleib 1945)	Aus-gemustert am
13 811	Königsbg. 1126	—	17 1197		2. 1. 45
13 812	Königsbg. 1127	B 6127	—		
13 813	Altona 1113	—	17 1198	DR (Kohlenstaubfeuer.)	13. 10. 62
13 814	Altona 1114	—	1199	DR	21. 12. 53
13 815	Altona 1115	—	17 1200	DB	14. 8. 50
13 816	Altona 1116	—	1201	DB	14. 8. 50
13 817	Danzig 1116	PKP-Pk 2-15	1219	DB	13. 12. 51
13 818	Danzig 1117	B 6117	—		
13 819	Danzig 1118	PKP-Pk 2-16	17 1214	DB	13. 12. 51
13 820	Danzig 1119	PKP-Pk 2-17	1215	DB	13. 12. 51
13 821	Essen 1101	—	1202	DB	14. 8. 50
13 822	Essen 1102	—	1203	DB	14. 8. 50
13 823	Essen 1103	—	1204	DB	14. 8. 50
13 824	Essen 1104	—	1205	DB	14. 8. 50
13 825	Halle 1118	—	1206	DB	14. 8. 50
13 826	Halle 1119	Stettin 1138	1207	DB	14. 8. 50
13 827	Halle 1120	Stettin 1139	1208	DB	14. 8. 50
13 828	Mainz 1109	—	1209	DB	14. 8. 50
13 829	Mainz 1110	B 6110	—		
13 830	Mainz 1111	AL 1121	230 G 121		

Anmerkung: Ausmusterungsdaten aus „Pieper, Lokomotivverzeichnis der Deutschen Reichsbahn DB und DR Band 1"

PKP = Polnische Staatsbahn

B = Belgische Staatsbahn

Übersicht über die S 10¹-Lokomotiven der Reichseisenbahnen Elsaß-Lothringen (später AL)**)

Betr.-Nr.	Baujahr	Lieferer	Fabr.-Nr.	AL-Nr.	Betr.-Nr. bei der SNCF	
1101	1913	Henschel	11 994	1101	230 G 101	Bauart 1911
1102	1913	Henschel	11 995	1102	230 G 102	
1103	1913	Henschel	11 996	1103	230 G 103	
1104	1913	Henschel	11 997	1104	*)	
1105	1914	Henschel	12 600	1105	230 G 105	Bauart 1914
1106	1914	Henschel	12 601	1106	230 G 106	
1107	1914	Henschel	12 602	1107	230 G 107	
1108	1914	Henschel	12 603	1108	230 G 108	
1109	1914	Henschel	12 604	1109	230 G 109	

*) Die Lokomotive AL 1104 verblieb nach 1945 bei der DR in Mitteldeutschland und wurde dort kurzerhand als Betr.-Nr. 17 1104 (2. Besetzung, die erste 17 1104 wurde ausgemustert) geführt.
**) Zusammengestellt von Dr. G. Scheingraber.

Betr.-Nr.	Baujahr	Lieferer	Fabr.-Nr.	AL-Nr.	Betr.-Nr. bei der SNCF	
1110	1914	Henschel	12 605	1110	230 G 110	Bauart 1914
1111	1914	Henschel	12 606	1111	230 G 111	
1112	1914	Henschel	12 607	1112	230 G 112	
1113	1914	Henschel	12 841	1113	230 G 113	
1114	1914	Henschel	12 842	1114	230 G 114	
1115	1915	Henschel	13 281	1115	230 G 115	
1116	1915	Henschel	13 282	1116	230 G 116	
1117	1915	Henschel	13 283	1117	230 G 117	

Aufgrund der Waffenstillstandsbedingungen wurden 1918 an das nunmehrige
Netz Alsace-Lorraine (AL) der französischen Ostbahn abgegeben:

1118	1912	Henschel	11 182	1118	230 G 118	Bauart 1911
1119	1912	Henschel	11 170	1119	230 G 119	Bauart 1911
1120	1912	Henschel	11 171	1120	230 G 120	Bauart 1911
1121	1916	Henschel	13 830	1121	230 G 121	Bauart 1914
1122	1915	Henschel	13 180	1122	230 G 122	Bauart 1914

Übersicht über die 1919 an die Polnische Staatsbahn abgegebenen S 10¹-Lokomotiven *)

PKP-Betr.-Nr.	frühere Betr.-Nr.		Bau-jahr	Fabrik	Fabr.-Nummer	DR-Betr.-Nr. 1940
Pk 2-1	Posen	1102	1911	Henschel	10874	17 1250
Pk 2-2	Brombg.	1107	1912		11166	1251
Pk 2-3	Breslau	1106	1913		11509	1252
Pk 2-4	Danzig	1106			11499	1253
Pk 2-5		1107			11500	1254
Pk 2-6		1108			11501	1255
Pk 2-7	Posen	1112			11760	1256
Pk 2-8	Danzig	1109	1914		12608	1210
Pk 2-9		1110			12609	1211
Pk 2-10		1112			12611	1257
Pk 2-11	Posen	1114			12010	1258
Pk 2-12		1122		LHW	1113	1218
Pk 2-13	Danzig	1114	1915	Henschel	13187	1212
Pk 2-14		1115			13188	1213
Pk 2-15		1116	1916		13817	1219
Pk 2-16		1118			13819	1214
Pk 2-17		1119			13820	1215
Pk 2-18		1111	1914		12610	1216
Pk 2-19	Posen	1119			12015	1259
Pk 2-20	Brombg.	1128	1916		13808	1217

*) Zusammengestellt von Dr. G. Scheingraber.

Verteilung der S 10¹-Lokomotiven auf die Direktionen der K.P.E.V. 1916*)

Direktion	Stück	davon	
		Bauart 1911	Bauart 1914
Altona	16	4	12
Breslau	14	11	3
Bromberg	29	19	10
Danzig	19	8	11
Essen	4	—	4
Halle	20	10	10
Hannover	26	13	13
Königsberg	27	22	5
Magdeburg	15	9	6
Mainz	11	8	3
Posen	25	21	4
Stettin	31	20	11
Reichseisenbahnen	17	4	13
	254	149	105

*) Zusammengestellt von Dr. G. Scheingraber.

Verteilung der S 10¹-Lokomotiven auf die Direktionen bei der DRG

RBD	Stückzahl		
	1925	1933	1936
Altona	12	15	13
Berlin	63	44	37
Breslau	32	20	24
Essen	—	17	24
Halle		9	
Hannover	14	23	24
Königsberg	25	11	11
Münster	—	—	6
Oldenburg (bis 1934)	—	6	—
Oppeln	—	4	8
Osten	38	24	24
Schwerin	—	8	9
Stettin	25	26	27
	209	207	207

Belastungsdiagramm für die Lok 17 1206 bei 57 kg/m²h Heizflächenbelastung
(nach Sauthoff)

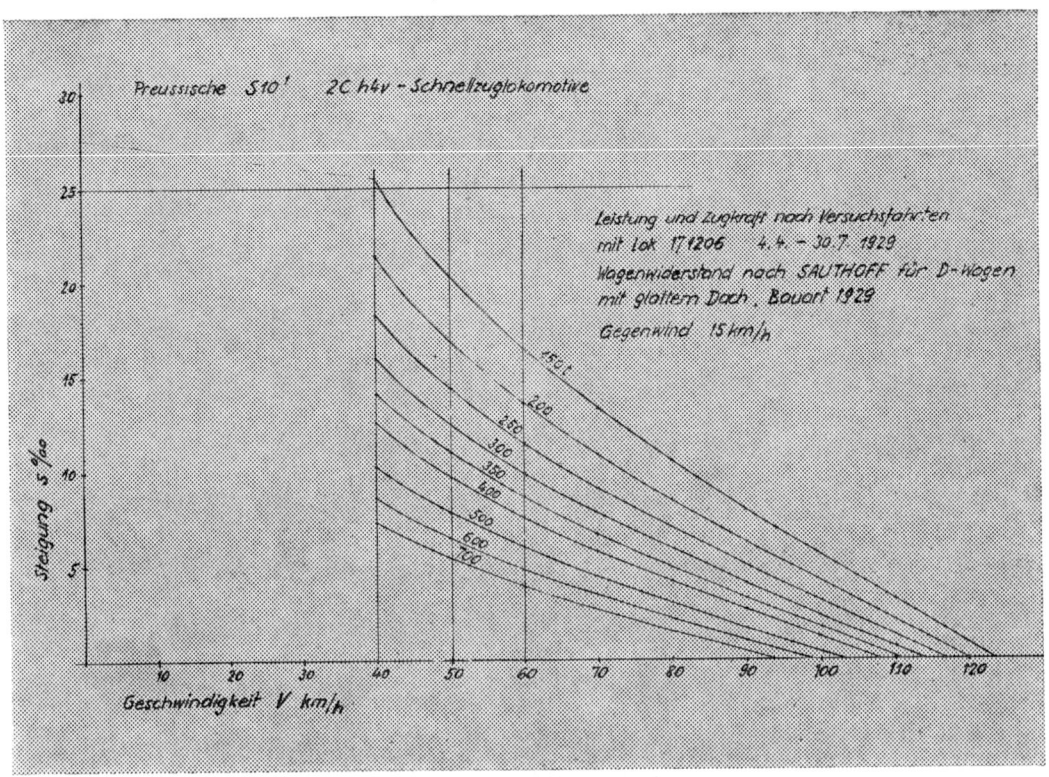

Belastungstabellen für die preußische S 10¹
(nach Strahl)

km/h		40	50	60	65	70	75	80	85	90	95	100	110	120
Steigung		Wagengewicht in t (D-Zug)*)												
0	1:∞						1075	915	770	650	540	450	285	190
1⁰/₀₀	1:1000				1095	945	820	705	600	510	425	345	225	150
2⁰/₀₀	1:500			985	865	755	660	570	485	410	345	290	180	115
3⁰/₀₀	1:333		1025	805	710	615	540	470	400	340	285	235	145	90
4⁰/₀₀	1:250	1075	855	675	595	520	455	395	335	285	240	195	115	—
5⁰/₀₀	1:200	915	725	575	510	445	390	335	285	245	200	165	95	—
6⁰/₀₀	1:166	795	630	500	440	385	335	290	245	210	170	135	—	—
7⁰/₀₀	1:140	695	550	435	385	335	295	250	215	180	145	115	—	—
8⁰/₀₀	1:125	615	490	385	340	295	260	220	185	155	125	—	—	—
10⁰/₀₀	1:100	500	390	310	270	230	200	170	140	115	—	—	—	—
14⁰/₀₀	1:70	350	270	205	175	150	125	105	—	—	—	—	—	—
20⁰/₀₀	1:50	220	165	120	100	—	—	—	—	—	—	—	—	—
25⁰/₀₀	1:40	155	110	—	—	—	—	—	—	—	—	—	—	—

km/h		30	40	50	60	65	70	75	80	85	90	95	100	
Steigung		Wagengewicht in t (Personenzug) *)												
0	1 : ∞	—	—	—	—	—	1125	965	810	700	570	470	385	
1⁰/₀₀	1 : 1000	—	—	—	1175	1015	870	755	640	560	455	380	315	
2⁰/₀₀	1 : 500	—	—	—	935	815	700	615	525	455	375	310	260	
3⁰/₀₀	1 : 333	—	—	990	770	675	580	510	440	380	315	260	215	
4⁰/₀₀	1 : 250	1360	1055	830	650	570	495	435	370	325	265	220	180	
5⁰/₀₀	1 : 200	1160	900	710	555	490	425	375	320	280	225	190	155	
6⁰/₀₀	1 : 166	1000	780	615	485	425	370	325	275	240	195	160	130	
7⁰/₀₀	1 : 140	880	685	540	425	375	325	285	240	205	170	135	110	
8⁰/₀₀	1 : 125	780	610	480	375	330	285	245	210	185	145	115	—	
10⁰/₀₀	1 : 100	635	490	385	300	260	225	195	165	140	110	—	—	
14⁰/₀₀	1 : 70	450	340	265	200	175	145	125	100	—	—	—	—	
20⁰/₀₀	1 : 50	295	220	160	115	—	—	—	—	—	—	—	—	
25⁰/₀₀	1 : 40	215	155	110	—	—	—	—	—	—	—	—	—	

*) Leistungstafel auf Grund von Versuchsfahrten aufgestellt

Gattungs- und Reihenbezeichnungen der S 10-Lokomotivgruppe bei den europäischen Eisenbahn-Verwaltungen

Bauart	Preuß.-Hess. Staatsbahnen	Lübeck-Büchener Eisenbahn	Reichseisenbahnen in Elsaß-Lothringen	Eisenbahnen im Elsaß und in Lothringen	Deutsche Reichsbahn	Belgische Staatsbahn	Polnische Staatsbahn	Litauische Staatsbahn	Italienische Staatsbahn	Französische Nationalbahnen	Österreichische Bundesbahnen	Niederländische Eisenbahnen
	KPEV	LBE	EL	AL	DR	EB	PKP		FS	SNCF	ÖBB	NS
h4	S 10	S 10	—	S 10	17⁰⁻¹	60	Pk 1	G 1	676	230 D	—	—
h4v (1911)	S 10₁	—	S 10₁	S 10₁	17¹⁰⁻¹¹	—	Pk 2	—	—	230 G	617	—
h4v (1914)	S 10₁	—	S 10₁	S 10₁	17¹¹⁻¹²	61	Pk 2	—	—	230 G	—	—
h3	S 10₂	S 10₂	—	—	17² u. 3	62	Pk 3	—	677	230 E	—	4051

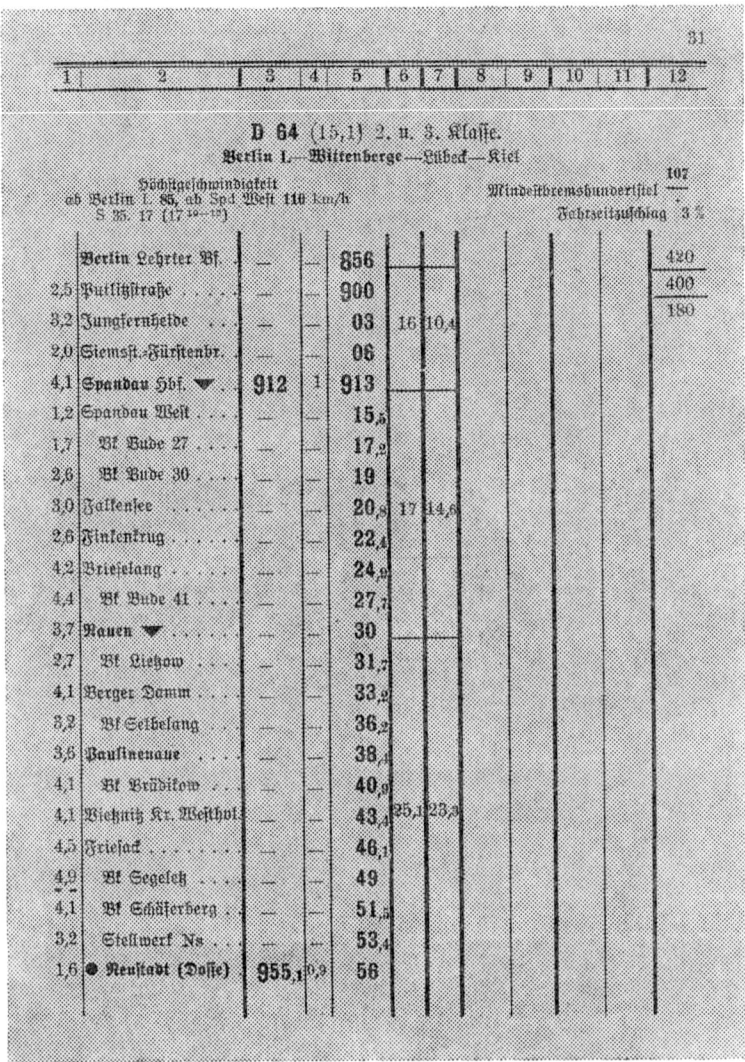

Nach D 66

1	2	3	4	5	6	7	8	9	10	11	12

420
200
180

	Hintenkrug	1844,6
4,2	Priesdorf	47,6
4,4	Bf Stüdenit	50,2
3,7	Wusen ▶	53,1
2,7	Bf Zichow	54,7
4,1	Berger Damm	57,2
3,2	Bf Seelong	59,1
3,6	Rauffmanne	1901,5
4,1	Bf Breithorn	03,5
4,1	Stegnitz Kr. Weißkul	06,4
4,5	Frielut	09,1
4,0	Bf Eggelsz	12
4,1	Bf Schäferburg	14,5
3,2	Stellwerk Na	16,4
1,6	● Reustadt (Dosse)	17,7
3,8	Bf Wütnih	19,7
4,3	Dernih	22,0
5,3	Stüdenit	26,2
3,3	Breddin	28,7
5,1	Bf Dametad	32,6
4,6	● Glöwen	35,5
5,7	Bf Rohbau	39
5,3	Bad Wilsnad	42,3
3,8	Bf Lüben	45,3
3,3	Rußblant	47,4
3,0	Bf Gr.-Breese	49,3
3,7	Wittenberge ▶	2004
1,6,3		

Nach D 64

1	2	3	4	5	6	7	8	9	10	11	12

420
400
180

	● Reustadt (Dosse)	955,1	956
3,8	Bf Wütnih		1000,1
4,3	Dernih		02,2
5,3	Stüdenit		05,1
3,3	Breddin		08,1
5,1	Bf Dametad		11,6
4,6	● Glöwen		13,0
5,7	Bf Rohbau		17,4
5,3	Bad Wilsnad		20,4
3,8	Bf Lüben		22,8
3,3	Rußblant		24,6
3,0	Bf Gr.-Breese		26,6
3,7	Wittenberge ▶	1029,4	1034
1,6,3			

D 66 (13.1) 2. 3. Klasse.
Berlin I. — Wittenberge — Lübeck — Kiel

420
280
180

	Berlin Lehrter Bf.	1823
2,5	Philippstraße	26,0
3,2	Jungfernheide	29,3
2,0	Siemens-Fürstenbr.	32,5
4,1	Spandau West ▶	36
1,2	Spandau West	37,2
1,7	Bf Buch 27	38,1
2,6	Bf Buch 30	40,0
3,0	Falkensee	43
2,6	Finkenkrug	44,3

Erläuterungen zu einzelnen Bildern

Bilder 2 und 3: Es handelt sich um Aufnahmen aus den Jahren 1940/41, die im damals besetzten Polen fotografiert wurden. Die 1919 an Polen abgegebenen Maschinen standen zu dieser Zeit noch immer in Dienst, während sie bei der Reichsbahn längst ausgemustert waren. Die DR hat sie 1940 wieder übernommen, sie waren teilweise noch bis in die fünfziger Jahre verstreut in Deutschland vorhanden.

Bilder 5—12: Die Gegenüberstellung sämtlicher 2 C-Lokomotiven der Preußischen Staatsbahn soll die Unterschiede zwischen den einzelnen Bauarten verdeutlichen. Der Leser sei auf die Abweichungen zwischen der ersten P 8 (Bild 5) gegenüber der endgültigen Ausführung des Jahres 1913 (Bild 6) aufmerksam gemacht. Aus Bild 7 wiederum geht hervor, daß die S 8 von 1910 tatsächlich nur eine vergrößerte P 8 sein sollte. Der Neuentwurf von Schwartzkopff, im Jahre 1911 ausgeführt (Bild 8) sieht erheblich anders aus. Aus dieser „echten" S 10 entstand im Jahre 1914 die dreizylindrige S 10², die sich nur im Triebwerk von ihrer Vorgängerin unterscheidet. Rein äußerlich konnte der Eisenbahnfreund die S 10² höchstens an der langgezogenen Pufferbohle erkennen, sofern die Betriebsnummer nicht lesbar war. Und natürlich am Dreivierteltakt-„Gehechel". Bild 12 zeigt die Sonderausführung der S 10² mit Zweiachsantrieb. Es handelt sich um eine der drei ursprünglich mit Gleichstromzylindern ausgerüstet gewesenen Maschinen.

Die Bilder 9 und 10 zeigen schließlich die beiden Bauarten der S 10¹ von 1911 und 1914. Deutlich erkennbar, daß ihnen eine andere Konzeption zugrunde lag. Auffallend aber auch der Unterschied zwischen beiden Bauarten: Das hochgezogene Umlaufblech der Bauart 14 mit den freiliegenden Kuppelachsen und den in Reihe liegenden Zylindern, die eine sehr lange, zusätzlich abgestützte Kolbenstange erforderten. Welche die schönere von beiden ist, das mag der Betrachter nach seinem Geschmack entscheiden.

Bild 19: Hier hat bereits der erste Kesseltausch stattgefunden. Henschel mußte, wie allgemein üblich, für die S 10¹ noch einige Ersatzkessel, allerdings mit Speisedom, liefern, die dann wechselweise bei verschiedenen Lokomotiven auftauchten (vgl. auch Foto der Lok 17 1016, Bild 42).

Bild 21: Ein interessantes Foto. Hier fehlt bereits der Automat, jene Einrichtung zur Betätigung von Überhitzerklappen, der auf Bild 27 noch gut sichtbar ist. Die Lok gehört einer Bauserie an, die mit Laufradbremsen geliefert wurde. Die bei den ersten Maschinen noch so sichtversperrend angebrachte Luftpumpe (Bild 15) ist jetzt tiefer gesetzt. Es handelt sich um den letzten Bauzustand der Preußenzeit vor Umnumerierung und Ausrüstung mit Windleitblechen. Die DR in Mitteldeutschland hat die Lok 17 1055 in diesem Zustand wieder hergerichtet (Bild 119). Man vergleiche, wie vortrefflich das gelungen ist. Sogar an die früher nach oben gekrümmten Luftschläuche an der Pufferbohle hat man gedacht.

Bild 99: Gleich nach Kriegsende wurden die S 10¹ wieder in Betrieb genommen. Die abgebildete Lok 17 1108 zeigt den letzten, modernisierten Bauzustand mit Ersatzkessel, verstärkter Bremse und Indusi. Neu ist lediglich der Wannentender. Immerhin — warum nicht?

Bild 100: Es handelt sich um eine nach dem 1. Weltkrieg an Polen abgegebene und 1939 erbeutete Maschine der Serie 1912. In Polen bestand offenbar kein Bedürfnis nach Modernisierung. Die Lok zeigt noch den ursprünglichen Bauzustand. Lediglich die großen Windleitbleche sind neu.

Bild 101: Kohlenstaubfeuerung System Wendler. Doch darum geht es hier nicht. Auf dem Bild ist das Verbinder-Sicherheitsventil gut sichtbar, das bei den Maschinen der Bauart 1911 rechts neben dem Schornstein außen an der Rauchkammer lag. Die Bauart 1911 besaß nämlich einen gemeinsamen Verbinder für rechts und links, daher auch nur ein Sicherheitsventil. Bei der Bauart 1914 waren die Verbinder für beide Seiten getrennt, jeder besaß sein eigenes Sicherheitsventil, dessen abströmender Dampf jedoch nicht unmittelbar ins Freie, wie bei der Bauart 1911, sondern in die nach dem Vorwärmer gehende Abdampfleitung geführt wurde.

Literaturverzeichnis

Hammer, Die Entwicklung des Lokomotivparks bei den preußisch-hessischen Staatseisenbahnen, Sonderdruck aus Glasers Annalen 1916

Garbe, Die Dampflokomotiven der Gegenwart, 2. Aufl., Verlag Springer, Berlin 1920

Jahn, Die Dampflokomotive in entwicklungsgeschichtlicher Darstellung ihres Gesamtaufbaus, Verlag Springer, Berlin 1924

Helmholtz-Staby, Die Entwicklung der Lokomotive 1880—1920, Verlag Oldenbourg, München und Berlin 1937

Maedel, Die deutschen Dampflokomotiven gestern und heute, 5. Aufl., Verlag VEB Technik, Berlin 1968

Henschel und die Schnellfahrlokomotive, Henschel & Sohn, Kassel 1966

Düring, Die S 10-Familie, LOK-MAGAZIN Hefte 7, 8, 9, Franckh'sche Verlagshandlung, Stuttgart 1964

Düring, Schnellzug-Dampflokomotiven der deutschen Länderbahnen, Franckh'sche Verlagshandlung, Stuttgart 1972